普通高等教育规划教材

暖通空调系统运行维护

冯国会 李洋 李刚 郭仁东 主编

人民交通出版社

内 容 提 要

本书主要介绍了常用的暖通空调制冷设备运转、运行与维护方面必要的知识。其中包括锅炉的类型、锅炉房值班工作组织及制度、开炉、关炉、检修、运行等方面的技术;空调机组及管道系统的常见问题及维修方法、空调冷却设备的常见问题及处理方法;空调用制冷设备的常见问题及解决办法。

本书的特点是实践性强,通俗易懂,可作为大学选修课程教材及相关专科学校、职业技术学校、在职工作人员学习使用。

图书在版编目(CIP)数据

暖通空调系统运行维护 / 冯国会等主编. -- 北京:人民交通出版社,2013.8
 ISBN 978-7-114-10797-9

Ⅰ. ①暖⋯ Ⅱ. ①冯⋯ Ⅲ. ①采暖设备—基本知识②通风设备—基本知识③空调—基本知识 Ⅳ. ①TU83

中国版本图书馆 CIP 数据核字(2013)第 168460 号

普通高等教育规划教材

书　　名:	暖通空调系统运行维护
著 作 者:	冯国会　李洋　李刚　郭仁东
责任编辑:	赵瑞琴
出版发行:	人民交通出版社
地　　址:	(100011)北京市朝阳区安定门外外馆斜街 3 号
网　　址:	http://www.ccpress.com.cn
销售电话:	(010)59757973
总 经 销:	人民交通出版社发行部
经　　销:	各地新华书店
印　　刷:	北京市密东印刷有限公司
开　　本:	787×1092　1/16
印　　张:	5.75
字　　数:	140 千
版　　次:	2013 年 8 月　第 1 版
印　　次:	2013 年 8 月　第 1 次印刷
书　　号:	ISBN 978-7-114-10797-9
定　　价:	18.00 元

(有印刷、装订质量问题的图书由本社负责调换)

前　　言

　　随着社会的发展和人们生活水平的提高，暖通空调技术在社会各个领域都得到了广泛的应用。20世纪末，中国各地掀起了一个暖通空调技术应用的高潮，相继建成了大量的实际应用系统，极大地改善了工农业生产、科学研究和人们生活的环境。世界各国用于改善环境方面的能耗在总能耗中所占的比例也有所增加。随之而来的问题是在这些系统运行管理中所出现的一些问题，如系统的运行与调节、故障与排除、设备的检修与清洗、系统的保养与维护等，直接影响着系统功能的发挥，乃至造成能源浪费，这就使从事系统运行管理的技术人员和行政人员不得不考虑如何去改善系统的运行状况，提高系统的运行效率，在保证应用的前提下，如何去降低能耗，保护环境，延长系统使用寿命，使之更好地为人类的生产、科研和生活服务。

　　室外空气温度是随季节的变化而变化的，即使在一天之内也会有较大变化。对暖通空调系统而言，大负荷出现在夏季和冬季。在这两个季节里，系统将耗费大量的能量，以降低或提高控制区内的温度。春、秋季对供暖、空调系统而言是过渡季节，只需少量的能量对室内空气做冷热处理。冷库在夏季冷负荷最大，冬季最小。酷热和严寒给人类的生产和生活都带来极大的不便，甚至会危及人的健康与生命安全，直接影响产品质量和科研结果。为此，长期以来人类一直在为创造一个适合于生产和生活的空间而不懈努力。这是人类不断进步的标志。目前，中国有数以十万计的锅炉、空调系统、供暖系统和制冷系统在运行，其大量的能耗和对环境的污染越来越引起人们的重视，也成为运行管理工作者要解决的现实问题。

　　暖通空调设备与系统调节的必要性如下：

　　1. 设备选择裕量较大

　　系统设计选用设备时为了充分保证用户使用效果，考虑了较多的安全裕量，使设备的出力比用户的实际需求大许多，呈现"大马拉小车"的状况。即使在设计状态下运行，对设备资源也是一种浪费。这些实际情况都造成了投入的增加和设备资源的浪费。若不合理进行调节将出现更大的浪费。

　　2. 实际负荷变化量大

　　室外气象参数的变化使围护结构的热、冷负荷随季节而不断变化。为了以较低的能耗适应用户负荷变化时的供热、供冷情况，系统运行必须以室外空气参数的变化为依据，采取合理的调节方法，在满足用户要求的前提下，最大限度降低系统运行的能耗量,为缓解日益紧张的能源问题作出贡献。对于季节性热、冷负荷,在系统运行的初期、中期和末期负荷变化很大,若仍以一种状况运行,控制空间将出现过热或过冷现象,不仅对生产、科研和生活不利,而且会造成大量能源浪费。因此,对运行系统必须适时采取符合实情的调节,以降低人工环境的代价。

　　3. 设备、系统的运行管理和维护

　　设备、系统在运行过程中不可避免的会出现一些运行故障,如何排除这些故障,在非运行期内如何保养设备和系统直接会影响到其使用寿命、运行效率和运行效果。目前,中国的供热锅炉平均热效率为 60% 左右,有待于进一步提高。供暖、空调系统常出现温度失调现象,这些现象都充分说明系统在运行期间没有进行有效调节,或是没有及时清洗过滤器所造成的;也有一些空调系统在设计工况下运行都达不到要求的室温,冷凝器、蒸发器、冷却塔产生了大量的污垢,风机盘管、新风机组、组合式空调器等设备换热面积聚了一层灰尘,使换热效果明显降低,影响正常使用。

　　以上现象说明,暖通空调设备与系统在实际运行中总是存在与设计不符的状况,也会出现一些故障。根据实际情况及时调整设备及系统的运行状况,及时检修,做好保养与维护工作,对降低能耗、延长使用寿命和更好发挥其功能具有十分重要的意义。为此,本书就从锅炉房系统、供热系统、空调系统、制冷系统的运行管理、故障分析与排除、保养与维护方面进行论述,以期为读者提供参考,为暖通空调系统运行的节能降耗、改善运行效果作出贡献。

　　本书共分为 5 章,由冯国会、李洋、李刚、郭仁东主要负责编写,骆雯、孙利云、王思平、张云粟参加编写。各章节编写的具体分工如下:第一章由沈阳城市学院李洋编写;第二章由沈阳建筑大学冯国会和李刚编写;第三章由沈阳城市学院骆雯和孙利云编写;第四章由沈阳城市建设学院王思平和张云粟编写;第五章由沈阳城市学院郭仁东和骆雯编写。全书由郭仁东统稿。

　　在本书编写过程中前后数易其稿,力求更加适于在暖通空调运行维护行业的工作人员学习使用。本书是为以岗位培训为教学目的的本科院校、独立学院的学生编写的,通过学习可以使他们一到工作岗位就能胜任工作。在本书编写过程中得到沈阳城市学院、沈阳建筑大学、沈阳城市建设学院广大师生及领导的大力支持,在此一并表示感谢。由于编者水平所限,书中会有错误和不妥之处,恳请读者予以批评指正。

编　者

2013 年 5 月

目 录

第一章 锅炉房的运行与管理 ………………………………………………………… 1
第一节 锅炉房的行政管理 …………………………………………………………… 1
第二节 锅炉设备的初始运行 ………………………………………………………… 4
第三节 锅炉设备运行 ………………………………………………………………… 10
第四节 锅炉运行事故和故障及其处理 ……………………………………………… 14
第五节 锅炉的检验与维修 …………………………………………………………… 21

第二章 供热系统的验收、启动、运行和故障处理 ………………………………… 25
第一节 供热系统的验收 ……………………………………………………………… 25
第二节 室外热力管网的启动 ………………………………………………………… 27
第三节 供热系统的运行 ……………………………………………………………… 28
第四节 供暖系统的故障处理 ………………………………………………………… 29
第五节 供热系统故障及排除方法 …………………………………………………… 31

第三章 空调系统的运行管理 ………………………………………………………… 37
第一节 空调系统运行管理的目的 …………………………………………………… 37
第二节 空调系统的启动及操作方法 ………………………………………………… 38
第三节 空调系统常见故障分析及排除 ……………………………………………… 41
第四节 空调设备维护管理 …………………………………………………………… 49

第四章 风机、水泵和冷却塔的运行管理 …………………………………………… 52
第一节 风机运行管理 ………………………………………………………………… 52
第二节 水泵的运行管理 ……………………………………………………………… 54
第三节 冷却塔的运行管理 …………………………………………………………… 57

第五章 蒸气压缩机制冷系统的运行调节与维护 …………………………………… 63
第一节 蒸气压缩式制冷系统的组成及运行管理 …………………………………… 63
第二节 蒸气压缩式制冷系统常见故障及排除方法 ………………………………… 72
第三节 蒸气压缩式制冷系统的维护与保养 ………………………………………… 80

参考文献 ………………………………………………………………………………… 86

第一章　锅炉房的运行与管理

工业锅炉是事关生产、生活和安全的动力设备,但同时也消耗能源,并产生大气污染。据统计,截至 2012 年底中国共有锅炉 70 万台,年耗煤量达 6.5 亿吨,其耗煤量、烟尘、二氧化碳及其他有害物质排放量约占全国各项总量的 1/3 强,因此加强工业锅炉的安全运行,提高节能水平及采用先进环保技术对锅炉使用单位,对区域环境的保护都有着重要的意义。

锅炉房是供热系统的核心,提高锅炉房运行管理水平,实现安全、经济运行是锅炉房管理的根本任务。锅炉房运行管理是行政和技术管理的有机结合,行政管理主要是锅炉房的机构管理和规章制度。技术管理的内容包括锅炉设备的初始运行及正常运行,锅炉房运行事故和故障及其处理,锅炉设备的检验与检修。

第一节　锅炉房的行政管理

一、锅炉房的机构管理

锅炉房的行政管理一般分为锅炉房的机构管理和规章制度两部分。其中锅炉房的机构管理更为重要。机构管理主要是根据锅炉的容量、型号及数量等情况,设立相应的管理机构,如锅炉车间、锅炉工段或锅炉班组。而且,都应落实运行管理、操作、设备维修、水质化验、安全管理的专职或兼职人员。锅炉房的管理人员应具备一定的专业知识,并熟悉国家安全法规中的有关规定。现行的安全法规主要有《锅炉压力容器安全监察暂行条例》;《锅炉压力容器安全监察暂行条例》实施细则《蒸汽锅炉安全技术监察规程》;《热水锅炉安全技术监察规程》以及《锅炉房安全管理规则》;《锅炉使用登记办法》;《锅炉司炉工作安全技术考核管理办法》;《锅炉压力容器事故报告办法》;《低压锅炉水质标准》;《机械设备安装工程施工及验收规范》第六册;《在用锅炉定期检验规则》。

锅炉房管理人员的主要职责是:

(1)参与锅炉房各项规章制度的制定,并对执行情况进行检查;

(2)负责组织人员的技术培训和安全教育及定岗定编;

(3)督查锅炉房设备的维护保养和定期检验、检修工作,并参与验收;

(4)向锅炉压力容器安全监察机构报告锅炉使用情况及大的事故隐患;

(5)参与锅炉事故的调查及处理。

司炉工是锅炉运行、维护保养、事故处理的直接操作者,他们的技术素质和责任心直接影响锅炉的安全、经济、文明运行。因此,《锅炉压力容器安全监察暂行条例》规定:使用锅炉压力容器的单位必须对操作人员进行技术培训和考核。司炉工必须经过考试,取得当地锅炉压力容器安全机构颁发的合格证,才能独立操作。而且人力资源和社会保障部还制定了《锅炉司炉工人安全技术考核管理办法》,对司炉工的条件、培训、考试、发证和管理做出了具体规定。

司炉工的主要职责是:

(1)严格执行各项规章制度,精心操作;保证锅炉安全,节能运行;

(2)正确处理设备运行中出现的故障或事故;
(3)及时掌握并反映设备的使用状况;
(4)钻研技术,熟悉业务,不断提高运行操作水平。

二、锅炉房的规章制度

锅炉房规章制度的制定和执行,是锅炉房安全、经济运行的重要保障。各单位应组织锅炉房管理人员、技术人员及有实践经验的司炉工共同制定以岗位责任制为主要内容的各项规章制度,并组织锅炉房全体人员学习和讨论。锅炉房规章制度的内容应明确具体,切实可行,特别是要根据本单位实际情况,制定检查、考核、奖惩办法和细则,以保证制度的执行。

1. 岗位责任制

使用锅炉的单位,应根据锅炉房的岗位(锅炉车间主任、副主任、技术负责人、工段长、值班长、组长、司炉工、副司炉工、司水工、上煤出渣工、维修工、水质化验员等)确定相应的职责。通常岗位责任制的主要内容如下。

(1)严格遵守劳动纪律和厂纪、厂规;坚守岗位,不脱岗、不串岗、不"大班套小班",上班不睡觉,不做与岗位无关的事。

(2)严格执行锅炉及辅机操作规程,精心操作和调节,保证用户热能的需要和设备的安全。

(3)认真执行巡回检查制度,定时进行巡回检查,发现异常情况应及时处理,准时、准确地抄写锅炉及辅机的运行记录。

(4)做好锅炉及辅机、附件的维护保养工作,保证正常运行。

(5)迅速正确地处理锅炉及辅机、附件的异常情况,并及时向上级报告。

(6)保持锅炉及辅机、附件和锅炉房内外的清洁,保管好工器具,做到文明生产。

2. 锅炉及辅机操作规程

根据锅炉房设备的具体特点,要制定锅炉及辅机(如锅炉、上煤机、出渣机、风机、水泵、水处理等设备)的操作规程。制定和执行锅炉及辅机的操作规程,对提高司炉工技术水平,保证锅炉安全、经济运行十分必要。操作规程的内容一般包括以下几个方面。

(1)设备的简要特性。
(2)设备运行前的检查与准备工作。
(3)设备启动的操作方法。
(4)设备正常运行的操作方法。
(5)设备正常停止运行和紧急停止运行的操作方法。
(6)设备事故处理的操作方法。
(7)设备的维护保养。

3. 巡回检查制度

定时对锅炉房设备进行巡回检查,有利于及时发现设备隐患,避免事故的发生。巡回检查制度应明确的事项包括检查的间隔时间、检查的内容及相应记录的项目,并在定岗时确定巡回检查现任人和巡回检查范围。巡回检查一般每小时至少进行一次;巡回检查的主要项目和内容有:锅炉本体、汽水管路和阀门、烟风系统、煤渣系统及电气、仪表等运行情况,尤其是运转设备(水泵、风机、炉排等)的运行状况,巡回检查的路线一般由炉前到两侧再到炉后,由炉上到炉下,由本体到辅机,熟练司炉工可就地综合检查,不熟练的人员可按系统和汽水、烟气、空气等介质流向进行检查。检查后应及时做好记录。

4. 设备维护保养制度

实行完善的设备维修保养制度可以延长设备使用年限,有利于锅炉安全运行,同时有利于减少消耗,缩短检修时间。设备维修保养制度包括锅炉日常运行的维护保养和检修两部分。搞好该项工作主要措施有两个方面:一是规定锅炉设备的维护保养周期、内容和要求,明确维护保养后的验收标准和验收手续;二是实行维护保养责任到人的制度,并制定考核办法。锅炉设备的维护保养工作一般宜推行司炉工(或设备操作工)、锅炉维修工(管工、钳工、焊工、电工、仪表工、筑炉工等)双包机制,对容量较大的锅炉,司炉工侧重日常运行中的维护保养,维修工侧重进行专业性检修。

5. 交接班制度

锅炉房的交接班是锅炉运行中的一个重要环节,很多事故由交接班不清而引起,造成重大损失;交接班制度也是落实岗位责任制的重要途径。交接班制度应该明确交接班的要求、检查内容和交接班手续。对交接班应有如下要求。

(1)交班人员在交班前,应对锅炉设备进行一次全面检查和调整,使锅炉的运行状态稳定正常,安全附件灵敏可靠,仪表、辅机运转正常。做好场地、设备、工具的清洁整理工作。做好清炉除灰工作,煤斗存煤达到标准。在完成上述工作后应填写交班记录并签名。

(2)交班人员应向接班人员如实介绍在本班运行中锅炉、安全附件、仪表、自控装置和辅助设备的情况,如锅炉负荷情况,水处理及软水、炉水质量,设备缺陷及检修情况,事故及处理情况等。请接班人员检查本班的运行记录和交班记录。

(3)接班人员在接班前要保持头脑清醒(即接班前4h内不得饮酒,保证充足的睡眠等);并按规定的时间(一般提前15min)到达锅炉房,并做好准备工作(如穿戴劳保用品等)。

(4)接班人员在查阅运行记录、交班记录并听取交班人员情况介绍后,应对交班人员的工作及锅炉设备进行一次全面检查、核实,发现问题及时提出。

(5)交接班完毕,双方签名后,交班人员方可离开锅炉房。

(6)在交班前或交接班过程中发生事故,应停止交接班。此时,交班人员负责处理事故,接班人员应主动协助,待事故处理完毕后,再进行交接班。

6. 水质管理制度

锅炉房应根据所使用的锅炉、水处理工艺及执行的水质标准,制定水质管理制度,明确水质定时化验的项目和合格标准。主要内容如下。

(1)水处理设备(含预处理设备和除氧设备)的运行操作规程。

(2)水质采样规程包括:水样的采集;原水、软水、炉水的化验项目及合格标准和化验间隔时间;标准溶液的配制与标定。锅炉的水质化验一般每小时进行一次。但当离子交换将要失效时或流动床离子交换设备刚投入运行时,应相应缩短水质化验间隔时间,增加水质化验次数。

(3)水质化验的运行记录和交接班。

(4)化验仪器设备的维护和试剂的保管。

(5)离子交换剂的储存及再生剂的配制管理。

7. 清洁卫生制度

锅炉房的清洁卫生,是文明生产的重要方面。要明确锅炉房设备及内外卫生区域的划分及各区域的清扫责任人和清扫要求,并制定考核办法。要求定范围、定人、定时清扫,做好锅炉房内外环境卫生、设备擦拭、工器具摆放整齐等工作。

8. 安全保卫制度

锅炉房安全保卫制度一般包括以下内容：锅炉房无关人员，不得进入锅炉房；外单位参观、培训人员，经本单位有关部门同意后方可进入锅炉房；锅炉房内设施，非锅炉房当班人员不得动用，无证的司炉工、水质化验人员不得独立操作锅炉或水处理设施；锅炉房内不得存放易燃、易爆物品；夜间停用的锅炉房，应在锅炉停炉后采取稳妥措施（如关闭汽阀、保证水位、防止复燃等）并关闭门窗，防止他人入内。

第二节 锅炉设备的初始运行

一、锅炉点火前的检查

锅炉安装或大修完工并经验收合格后，可进行锅炉点火前的检查与准备工作，首先做好锅炉点火前的组织工作，如制定试车计划，做好人员的定岗定位和岗前培训，配齐持证司炉工，建立健全锅炉房各项规章制度等。点火前的检查是一项认真细致的工作，应明确分工，责任到人，防止遗漏（一般采用顺系统逐步检查的方法）。检查中发现的问题应及时反映，并配合电工、仪表工、维修工等予以解决。检查完毕后，应将检查结果记入有关记录簿内。锅炉点火前要对各系统及设备做全面检查。

1. 锅炉本体"锅"的部分检查

（1）在水压试验的基础上，锅炉受压组件无鼓包、变形、渗漏、腐蚀、磨损、过热、胀粗等缺陷。焊口、胀口符合要求。

（2）受热面管道和锅炉管道畅通。新安装、移装、受压组件经重大修理或改造后的锅炉以及进行酸洗除垢后的锅炉，应进行通锅试验。

（3）锅筒内部装置，如给水装置、汽水分离器、水下孔板、定期排污管、连续排污管、汽水挡板等齐全、完好。

（4）锅筒、集箱、管道内无水垢、水渣、遗留的工具、螺栓、焊条、棉纱、麻袋等杂物。经上述检查后，封闭全部人孔和手孔。

2. 锅炉本体"炉"的部分检查

钢架、吊架无变形、过热。锅炉炉墙、隔烟墙无破损、裂缝。炉门、灰门、看火孔、检查门、防爆门等完好、严密、牢固、开关灵活。炉膛内无积灰、结焦，无杂物，炉拱完好。经上述检查后，关闭炉门、灰门、检查门、防爆门等。

链条炉排平齐完整，无杂物；煤闸板，操作灵活，其标尺正确且处于工作位置；煤斗弧形门（月亮门）无变形，开关灵活；老鹰铁平齐完整、牢固等。

炉排减速机及传动装置完好，变速装置操作灵活，链条炉排离合器保险弹簧的松紧程度合适。

3. 烟风系统的检查

烟道、风道及风室无裂缝、积灰、积水，保持严密状态。烟风调节门完好，开关灵活。鼓风机、引风机用于盘动时灵活；冷却水、润滑油正常。空气预热器、省煤器、除尘器完好，无泄漏、积灰等。

4. 安全附件、保护装置及仪表的检查

安全阀、压力表、水位表、高低水位警报器和低水位联锁保护装置，蒸汽超压报警器和联锁保护装置,自动给水调节器,各种热工测量仪器、煤量表以及煤粉炉、油炉和燃气锅炉的点火过程控制和熄火保护装置等,应齐全、灵敏、可靠,且清洁,照明良好,阀门开关位置正确。

5. 汽水管路及阀门的检查

主汽管、汽管、排污管及疏(放)水管应畅通,注意检查水压试验后上述盲板是否拆除。管道保温完好,漆色符合规定。管道支、吊架完好。逆止阀装置位置正确,介质在截止阀和止回阀内的流向正确,管道与阀门连接严密,阀门应开关灵活,无泄漏,有标明开关方向的标志,且开关处于正确的位置。打开的阀门开满后,应转回半圈,防止受热后卡死。水处理系统应先行试车,能连续供给合格的软水。水质化验仪器设备完好,量具、式剂配齐。

6. 煤渣系统

煤场应储有足够的煤量。各种运煤机械、过筛破碎设备、电磁计量仪表单机、联动试车合格后,将煤斗上满煤。碎渣机、马丁出渣机、螺旋出渣机、刮板出渣机或水力除渣系统的抓斗机试车合格,运转平稳,且水封槽水位正常。

7. 电气设备的检查

所有运转设备的电机接线正确,转向正确,接地良好。试车时,电流在允许范围内(引风机在冷态试车时,注意调节门开度),无振动,无摩擦噪声。全部照明设备完好,特别是水位表、压力表的照明应有足够的亮度。

8. 运转设备的检查与试车

锅炉点火前,必须对全部运转设备(鼓风机、引风机、二次风机、循环泵、加压泵、给水泵、盐水泵、油泵、运煤设备、过筛破碎设备、给煤机、炉排装置、出渣装置等)进行认真全面的检查和试车,要求如下。

(1)熟悉各设备的结构和使用规则及开车前阀门、调节门的位置。调节门、阀门操作灵活,无泄漏。

(2)各设备地脚螺栓紧固,联轴器连接完好,传动皮带齐全,紧度适当;安全罩、防护网完整、牢固。手动盘车轻便,无摩擦,无撞击声。

(3)变速器、轴承润滑油清洁,泊位正常,无泄漏。冷却水充足,畅通。

(4)配合电工检查电机系统及电气设备,无误后,送电。

(5)按各设备操作要求,先进行电机试车,看其转向是否正确,再对设备进行无负荷短时启动,以检查有无摩擦、碰撞和异常动静等;启动时二次风机应关闭调节门,水泵应关闭出口阀。对各设备先单机试车,再联动试车。试车时,空载数分钟后,可逐渐加大荷载,其间应注意设备运转状况和电机电流、轴承及电机温升,一切正常后,满负荷运行。

(6)设备首次试车或该设备大修后试车时间:一般机械转动设备2h,炉排8h。一般性试车时间:机械转动设备15min,炉排30min。

(7)试车合格标准。设备转向正确,无摩擦,无碰撞,无异味,无异常动静和振动。无漏油、漏水和漏风现象。轴承温度稳定,一般滑动轴承不高于65℃.滚动轴承不高于80℃。泵及风机的流量和扬程(或风压)符合要求。电机电流正常,温度正常。炉排各档温度正常,无卡死、凸起、跑偏等现象,且煤层均匀。

9. 其他检查

楼梯、平台、栏杆等完好,墙壁、门窗及地面修补完整。人行通道清洁畅通。地面无杂物、积水、积煤、积渣。操作工具齐备。备有足够、合格的消防器材。

二、锅炉点火前的准备工作

锅炉经检查和试车合格后,可进行点火前的准备工作:锅炉给水泵经排气后,注满水;启动给水泵,待运转正常后,打开出水阀,缓慢向进水管和省煤器送水,出水阀的开度不应造成水泵电机超电流。打开给水阀,向锅炉进水,直到水位表高度的一半。进水期间,检查进水系统的阀门、法兰连接及锅炉的人孔、排污阀等是否泄漏;若发现漏水,应立即停止进水并予以处理。停止进水后,打开排污阀,检查是否堵塞,将水放至最低安全水位处。停止进水、排污后,锅炉水位应保持不变,若水位上升,说明给水阀内漏;若水位下降,说明排污阀内漏或炉体漏水,应予以排除。锅炉进水时,不得影响并联给水的其他运行锅炉的给水。校正水位计。准备好点火物资,如木柴、燃煤、引燃物等,严禁采用汽油等易燃易爆品做引燃物。

三、锅炉点火的操作方法

锅炉的点火分烘炉点火和升压点火两类。通常烘炉点火较为简单;在炉膛中部堆放可燃物(如木柴),保持炉膛略有负压(打开引风机调节门,自然通风),引燃可燃物便可。升压点火程序因燃烧设备而异,现将链条炉排的点火方法简述如下。

(1)链条炉排点火前,关闭煤斗弧形门,提起煤闸板先将煤撒放到炉排前端(盖住一、二风室),并铺好木柴及引燃物。为减少炉排漏风,可在未铺煤的其余炉排上铺满炉渣;微开一、二风室风门,关闭其余风门。

(2)启动引风机,维持炉膛负压 $0\sim2mmH_2O(0\sim19.6Pa)$。

(3)点燃引燃物和木柴,转动炉排,打开弧形门放下煤闸板,调整煤层厚度至 70～100mm,将燃煤送至煤闸板后 0.5m 处,再停止炉排转动。

(4)待燃炉烧旺并引燃煤层后,再启动炉排逐步增速,并启动鼓风机,调整风室风门的开度,使火床长度增长。

(5)当灰渣落入灰渣斗时,启动除渣装置。

四、锅炉的烘炉

新装、移装、改装或大修后的锅炉,以及长期停用的锅炉砖墙和灰缝中含有较多的水分,潮湿的炉墙和灰缝一旦受热后,其中的水分快速蒸发,由于体积膨胀而对灰缝产生挤压,造成裂缝和变形。烘炉的目的是对潮湿的炉墙进行干燥处理,防止锅炉运行后产生炉墙裂缝或变形损坏。

1. 烘炉的准备工作

烘炉前的准备工作。锅炉砌完和保温结束后,应打开各处门、孔,自然干燥一段时间。耐火混凝土必须达到护养期满:钒土水泥和硅酸盐水泥 3 天,矿渣硅酸盐水泥 7 天。应打开省煤器旁通烟道或循环管路阀门。

2. 烘炉方法

烘炉的热源有火焰、蒸汽或热风。常采用火焰烘炉的方法。

(1)将木柴架于炉排中部,约占炉排面积的一半,要求距前、后拱及两侧炉排均保持一定的距离。

(2)打开烟道挡板,点燃木柴小火烘烤,控制炉膛负压 $0.5\sim1mmH_2O(4.9\sim9.8Pa)$。

(3)火势由小到大,逐步升温,炉水温度 70℃～90℃,锅炉不产生蒸汽,木柴烘烤 3 天。3

天后(轻型炉墙快装锅炉 24h 后),加入少量燃煤,并维持小火燃烧,适当增加通风,使炉水沸腾,并随时间加长,将火势缓慢增大;直至烘炉结束。

3. 烘炉的技术要求

(1)烘炉期间不得熄火,火势应由小到大,缓慢进行,火势不得时大时小。烘炉初期,火焰不得直接接触炉体。

(2)应将燃料分布均匀,不得堆在前、后拱处,并经常转动炉排和清除灰渣,防止烧坏炉排。

(3)烘炉初期,应尽可能采用自然通风,加煤后,必须采用机械通风时,应小风量进行。

(4)烘炉所需的时间与锅炉形式、容量大小、炉壁结构、自然干燥程度及气候、季节有关,一般轻型炉墙的小型锅炉为 3~7 天(如快装锅炉),重型炉墙及容量较大的锅炉为 7~15 天。若炉墙潮湿,气候寒冷,烘炉时间还需适当延长。

(5)烘炉的温度,通过炉膛出口烟温的测定加以控制:对重型炉墙,第一天温升不应超过 50℃,以后每天温升不宜超过 200℃;对砖砌轻型炉墙,温升每天不应超过 80℃,后期不应超过 160℃;对耐热混凝土炉墙,在正常护养期满后,烘炉温升每小时不应超过 10℃,后期不应超过 160℃,且持续时间不应低于 24h。

4. 烘炉的合格标准

(1)烘炉期间,炉墙不应出现裂缝和变形。

(2)在燃烧室两侧墙中部炉排上方 1.5~2m(或燃烧器上方 1~1.5m)处,取耐火砖、红砖的十字交叉缝处的灰浆样各约 50g,其含水率低于 2.5%。且在此位置,由红砖墙表面向内 100mm 处温度达到 50℃,并持续维持 48h。

五、锅炉的煮炉

煮炉的原理是在炉水中加入碱性溶液,与锅炉油垢起化学作用,其生成物在沸水中离开金属壁,经排污排除;与锈垢、碳酸盐垢反应,使垢脱离金属壁,变成水渣而排除。此外,碱性溶液,尤其磷酸三钠溶液,能在金属壁表面形成薄膜,对受热面腐蚀和结垢有一定程度的抑制作用。

煮炉的目的就是清除锅炉内部的铁锈、油脂和碳酸盐垢,防止受热面腐蚀、过热,保证炉水和蒸汽品质。

对新装、移装及改装、大修受热面后的锅炉煮炉,一般在烘炉后期接着进行,以节约时间和燃料。对运行锅炉的煮炉,视结垢情况而定。对需停炉保养的锅炉(如采暖锅炉)更应该进行煮炉。

煮炉常用药剂的数量参照表 1-1 选用。

煮炉常用药剂的数量(kg/t 炉水) 表 1-1

药 剂 名 称	铁锈较少的新锅炉	铁锈多的新锅炉	铁锈、水垢较多的旧炉
氢氧化钠	2~3	4~5	5~6
磷酸三钠	2~3	3~4	5~6

注:1. 药品按 100% 纯度计算。

2. 无磷酸三钠时,可用碳酸钠(Na_2CO_3)代替,用量为磷酸三钠的 1.5 倍。

3. 铁锈较少的锅炉,可单独使用碳酸钠煮炉。

煮炉操作步骤如下。

(1)将药品配成20%的溶液,然后通过加药泵或从炉顶人孔、阀门处注入无压锅炉内。

(2)封闭人孔,关好阀门后,锅炉升温,当产生蒸汽后,冲洗压力表存水弯管和水位表,关闭放空阀(或放下安全阀),开始升压。

(3)第一天将压力升到设计压力的15%,并保持压力,其间应检查人孔、手孔及法兰等是否渗漏;第二天升压到设计压力的30%,保压8h,并试验高低水位警报器、低位水位计等,第三天升压到设计压力的75%,保压8h。小型锅炉的煮炉时间可缩短为两天,第二天即升压到设计压力的50%。对采暖锅炉的煮炉,水温控制在100℃以内,时间为48h即可。

(4)加药前,锅炉应保持低水位,加药后,锅炉进水在正常水位。

(5)煮炉期间,不排污,当炉水碱度低于50mmol/L时应补充加药。

煮炉升压时间见表1-2。

煮炉升压时间　　　　　　　　　　表1-2

顺序	煮炉升温程序	煮炉时间(h)		
		铁锈较薄	铁锈较厚	拆迁炉
1	加药	3	3	9
2	升压到0.3～0.4MPa	3	3	3
3	在0.3～0.4MPa,负荷为额定出力的5%～10%下煮炉,并拧紧螺栓	12	12	12
4	降压并排污(排污量为10%～15%)	1	1	1
5	升压到1.0～1.5MPa,负荷为额定出力的5%～10%下煮炉	8	12	24
6	降压到0.3～0.4MPa下进行排污(排污量为10%～20%)	2	2	2
7	升压到2.0～2.5MPa,负荷为额定出力的5%～10%下煮炉(中、低压炉升压到工作压力的75%～100%,但不超过2.5MPa)	8	12	24
8	保持2.0～2.5MPa压力下进行多次排污换水,直到运行标准碱度,同时投入连续排污	16	16	36
9	共计	53	61	105

六、锅炉的冲洗

锅炉煮炉后进行冷却,打开放空阀或其他阀门,进行排污,并用清水(最好是热水)进行置换,最后排尽炉水,并开启人孔、子孔,将锅炉内部进行一次检查和冲洗,清洗所剩水垢、铁锈,更换人孔垫、手孔垫,重新封闭。

七、锅炉的升压

锅炉重新上水后,启动鼓、引风机,并逐步加强通风,增加燃料燃烧,锅炉开始缓慢升压,为确保锅炉安全,升压过程应谨慎小心,升压速度不可过快,主要操作如下。

1)当放空阀(或安全阀抬起阀芯后)冒出较大蒸汽时,应关闭放空阀(或放下安全阀阀芯);气压升到0.05～0.2MPa时,冲洗水位表。冲洗水位表的程序如下。

(1)开放水旋塞(下),冲洗水连管、气连管和玻璃管(板)。

(2)关水旋塞(中),冲洗气连管和玻璃管(板)。
(3)开水旋塞(中),再关气旋塞(上),单独冲洗水连管。
(4)开气旋塞(上),再关放水旋塞(下),使水位表恢复运行。

冲洗水位表后的检查:关闭放水旋塞后,水位应迅速上升,有轻微波动,并与其他水位表相一致时,表明水位正常;关闭放水旋塞后,水位上升缓慢,又无波动,则水连管,气连管可能有堵塞现象,应重新冲洗水位表;当放水旋塞泄漏,水连管堵塞时,水位表水位偏低;当气旋塞外漏或气连管堵塞时,水位表水位偏高。此时均应找出故障,予以排除。冲洗水位表注意事项:冲洗水位表时要注意安全,穿戴好防护用品;面部不要正对玻璃管(板),应侧身操作;不要同时关闭气旋塞和水旋塞;不得同时冲洗锅筒的两只水位表。

2)气压上升到 0.1～0.15MPa 时,冲洗压力表存水弯管。其程序如下。

(1)旋转压力表三通旋塞 90°,使压力表与存水弯管隔断并与大气相通,此时压力表指针应回到零位。

(2)将三通旋塞旋转 180°使存水弯管与大气相通,利用锅炉蒸汽压力对存水弯管中的存水进行冲洗,直至冒出蒸汽为止。

(3)将三通旋塞旋转 45°,使存水弯管与压力表及大气同时隔断,停 3～5min,使存水弯管中积聚冷凝水。

(4)将三通旋塞再旋转 45°,使压力表与存水弯管相通,回到工作位置,压力表恢复运行。冲洗存水弯管后,注意压力管是否回到原来的位置。

(5)气压上升到 0.2MPa 时,检查人孔、手孔及阀门、法兰连接处是否泄漏,并拧紧螺栓。拧紧螺栓时注意:扳手长度不超过螺栓直径 20 倍,禁止使用套筒或加长手柄,操作时应侧身,动作不要过猛,禁止敲打。

(6)气压上升到 0.3～0.4MPa 时,应试用给水设备和排污装置,先进水,依次对各排污阀门放水,并维持水位,关闭排污阀后,检查排污阀是否严密。

(7)气压上升到工作压力的 60% 时,应再次上水、放水,并全面检查辅机运行情况和对蒸汽管道进行暖管。

①暖管所需时间。暖管所需时间视锅炉的容量,蒸汽管道的长度、直径、蒸汽温度和环境温度等情况而定。暖管时间一般为 0.5～2h,小型锅炉一般为 30min。

②暖管的操作方法。对单台运行的锅炉,常采用正向暖管的方法。当锅炉压力上升到工作压力的 2/3 左右时,预先打开主汽阀以后的疏水阀及各汽阀(包括分汽缸的疏水阀和控制阀),再缓慢开启主汽阀半圈,预热主汽阀后的全部蒸汽管道和阀门,暖管完毕后再开大主汽阀和关闭疏水阀。对两台或两台以上共享蒸汽母管并行运行的锅炉,也常采用正向暖管:打开主汽阀后蒸汽支管上的疏水阀(此时与蒸汽母管相邻的隔绝阀关闭),缓慢打开主汽阀半圈进行暖管,并汽时控制蒸汽母管相邻处隔绝阀。也可采用反向暖管:由蒸汽母管(或分汽缸)向蒸汽支管送汽暖管,此时应先打开蒸汽支管上的疏水阀,再开启连接蒸汽母管上的隔绝阀进行暖管。

(8)气压上升到低于工作压力 0.05MPa 时,应再次冲洗水位表,试用水位警报器,对锅炉设备进行全面检查,进行第三次锅炉上水、排污工作,并在送汽前调整、检查安全阀的开启压力和回座压力,以保证安全阀动作准确可靠。

锅筒和过热器的安全阀开启压力应按表 1-3 的规定进行调整和检查。省煤器的安全阀开启压力为装设地点工作压力的 1.1 倍。

安全阀的开启压力 表1-3

额定蒸汽压力(MPa)	安全阀的开启压力(MPa)
<1.27	工作压力+0.2MPa
	工作压力+0.4MPa
1.27～3.82	1.04倍工作压力
	1.06倍工作压力
>3.82	1.05倍工作压力
	1.08倍工作压力

注：1.锅炉上必须有一个安全阀按表中较低的开启压力进行调整。对有过热器的锅炉，按较低压力进行调整的安全阀，必须为过热器上的安全阀，以保证过热器上的安全阀先开启。
2.表中的工作压力，一般指安全阀安置地点的工作压力（即在额定蒸汽压力以下的使用压力）。

(1)安全阀回座压差一般应为开启压力的4%～7%。

(2)新装、移装锅炉的总体验收和定期检验中点火升压时的检验和调整安全阀应有锅炉运行技术负责人、安装负责人和锅炉检验员在场，日常点火后调整检验安全阀，应有锅炉运行负责人、检修负责人参加。

(3)调整安全阀时，应保持气压稳定，水位宜低于正常水位30～50mm，并注意监视水位变化。

(4)调整安全阀，应逐个进行，一般先调整试验工作安全阀（即开启压力高的一个）后，调整控制安全阀。试验时，如锅炉压力超过安全阀开启压力，而安全阀未动作时，应停止试验，采取手动排汽、进水、排污等措施降压后重新调整。

(5)为保证安全阀灵敏可靠和不影响供汽，锅炉点火前应将安全阀送往检查站校正检验。将安全阀的检验日期、开启压力、起座压力、回座压力等检验结果记入锅炉技术档案，并请调整、检验人员签章。安全阀调整、检验完毕后，应加铅封。

八、锅炉的送(并)汽

锅炉升压和暖管正常后，可进行送(并)汽。为避免水击发生，送汽阀门要缓慢开启。单台锅炉可直接送汽。并列锅炉的送汽也称并汽，并汽前，锅炉设备运行正常，燃烧稳定。锅炉压力应稍低于蒸汽母管压力（低压锅炉低0.05～0.1MPa，中压锅炉低0.1～0.2MPa）。过热蒸汽温度稍低于额定值。锅炉水位较正常水位低20mm左右；蒸汽品质合格。

第三节 锅炉设备运行

一、锅炉设备的运行与调节

1.锅炉负荷的调节与气压稳定

(1)锅炉负荷的调节

锅炉气压的变化主要取决于锅炉蒸发量（负荷）与用户用汽量之间的平衡关系：当锅炉蒸发量大于用汽量时，气压上升；当锅炉蒸发量小于用汽量时，气压下降；当锅炉蒸发量等于用汽量时，气压保持稳定。为使气压保持平衡，气压上升时锅炉负荷应减小，气压下降时锅炉负荷应增大；当用户用汽量为零时，锅炉应无负荷，此时锅炉要压火停炉。锅炉负荷的调节的主要目的就是保持锅炉气压的稳定。当增加蒸发量时,应先加大引风,再加大鼓风,最后增加给煤量;减少负荷时,应先减少给煤量,再减少鼓风,最后减少引风。对链条炉和往复炉,负荷变化不大时,给煤量的改变可通过炉排的速度调节来实现;当负荷变化很大时,炉排速度和煤层厚度恐怕都要改变。必须指出,在一定的风量和时间范围内,鼓风增大可加快燃烧速度,使负荷增加,但超过限度时,反而会使炉温下降,燃烧不稳定(甚至灭火)辐射传热下降,排烟热损失增加,锅炉蒸发量下降。

(2)锅炉气压的稳定

锅炉的气压应稳定在使用工作压力 0.5MPa 以内,且不得超过锅炉额定蒸汽压力。当锅炉燃烧稳定,用户用汽量稳定时,给水量的大小和给水温度会对锅炉气压的稳定产生影响:当给水量大于蒸发量时,气压呈下降趋势;当给水量小于蒸发量时,气压呈上升趋势;当给水量等于蒸发量时,气压呈稳定趋势。为保证锅炉气压和水位的稳定,除锅炉负荷调节要及时外,锅炉的给水量应和蒸发量相适应,不要等到水位很低或很高时再调节。锅炉的给水量最好采用连续给水。

2. 锅炉的燃烧状态及其调节

(1)锅炉的燃烧状态

锅炉燃烧状态的好坏,直接关系到锅炉运行的节煤。对链条炉和往复炉,良好的燃烧状态主要指通风状态和火床状态。

通风状态:火焰颜色呈麦黄色或橙黄色,说明燃烧温度合适,风量适中。火色发白亮眼时,则风量过大,容易结渣,烧坏炉排,且排烟损失大;火色暗黄或发红,说明风量不足,不完全燃烧损失大;引风的配合应保持炉膛负压为 2~4mmH$_2$O(19.6~39.2Pa)。引风过大,炉膛及烟道负压增大,漏风增多,炉温和烟温均会下降,不但增大排烟热损失和引风机能耗,也使锅炉气压下降。引风过小,则产生正压运行。此外,炉墙要严密,观火孔和炉门关严。炉膛出口过剩空气系数应为 1.3~1.5。排烟处过剩空气系数应在 1.8 以内。

火床状态:着火点距煤闸板太近,易烧坏煤闸板;太远易断火,煤在炉排上的燃烧时间也不够。通常着火点距煤闸板 200mm 左右。燃尽点距老鹰铁或炉排末端 500mm 左右,以便减少炉渣含碳量。火床应平整、无火口、无偏火。产生偏火的主要原因包括:煤层厚度不一,风量分配不均匀,锅炉侧封闭有问题。

(2)锅炉的燃烧调节

当锅炉负荷变化或煤质变化时,都需要改变燃烧状态,即燃烧调节。前已叙及的负荷调节实质就是燃烧的调节,而煤质变化时的燃烧调节也应引起足够重视。实际上,在锅炉运行中煤质、煤种很难稳定,而每一煤质和煤种都对应一个最佳的燃烧状态,煤质和煤种变化时的调节,对防止燃烧设备损坏、保证和提高锅炉热效率意义重大。

对链条炉和往复炉,炉排速度的快慢主要取决于煤的挥发分,挥发分变高,应加快炉排速度,煤层相应可减薄。煤层厚度主要受煤的热值影响,煤的热值越低(如灰分大、水分多),应加厚煤层。煤层厚度一般在 60~120mm,对水分少、灰分少的煤或细煤多、灰熔点低的煤,煤层厚度要薄些,反之,则煤层厚些,对无烟煤、贫煤可取 100~160mm。

量的调节,一般只变炉排给煤速度即可。煤质变化的燃烧调节通常并不改变给煤量,而是改变燃烧状态,这就要求在调节时处理好煤层厚度和炉排给煤速度的增减关系。各风室的风压应根据锅炉结构及燃烧品质确定。当煤层厚度改变或煤质变化时,必须相应调整各风室的风压。分段风门的开度应根据锅炉负荷和燃烧情况及时调整,分段送风的原则是"有火才送风"。燃用烟煤时,其风量的配量一般为"两头小,中间大"。

层燃炉由于燃料给进速度和燃烧速度都慢,燃烧调节的滞后性很大,因此,实施调节时不要着急,判断每一次改变调节量是否合适,往往需 0.5h 以上的时间,在缺乏调节经验时,不宜过大、过快改变调节量。燃烧调节几乎不能很快一次调节成功,需要多次的较长时间粗调和细调,才能使燃烧工况达到最佳。

3. 水位的调节与稳定

正常运行情况下,水位的变化主要由给水量和蒸发量之间的关系来决定,给水量大于蒸发量时,水位上升。此外,因锅筒水是饱和的汽水混合物,汽空间是饱和蒸汽,气压变化对水位也产生影响,气压升高,水位下降。水位的调节就是根据蒸发量和气压的变化,及时改变给水量,以便保持正常、稳定的水位。但当设备存在故障时,如给水阀内漏,通常水位上升;当排污阀内漏,炉体漏水,省煤器破裂或给水系统故障(泵抽空,水箱断水,给水管路堵塞、破裂,阀芯脱落等)及并列锅炉抢水时,均使水位下降。为保持正常、稳定的水位,锅炉应采用连续均衡进水,维护锅炉水位在正常水位:±50mm 以内。在任何情况下,锅炉水位都不应接近最高安全水位和最低安全水位,更不允许超过最高或最低安全水位。特别要杜绝水位表中看不见水位的现象。当自动给水投入运行时,仍需经常监视锅炉水位的变化,保持给水量变化平稳。若自动给水失灵,应尽快改为手动,并消除自动给水故障。运行中应保持两台锅筒水位计完好,指示正确,清晰易见。手动调节给水时,应注意因负荷(气压)变化而造成的暂时水位现象;注意因汽水连管的堵塞或水汽旋塞漏水、漏气造成的假水位;注意锅炉汽水共腾事故产生的假水位现象。并注意经常监视给水压力和给水温度的变化。

4. 锅炉排污能力的调节

为保证炉水品质符合《低压锅炉水质标准》,防止水垢的生成、水渣的沉积以及避免发生汽水共腾和蒸汽品质恶化,必须重视锅炉的排污。锅炉排污应根据炉水化验结果和控制标准计算排污量、排污次数和时间,尤其注意调节连续排污量。过量的排污,会造成热量损失。运行中,每班应至少进行一次定期排污。排污应在低负荷、高水位时进行。排污时应密切注意水位,各组排污应依次进行,不得同时开启两组或两组以上排污系统。锅筒排污的持续时间,不宜超过 0.5min;水冷壁系统的排污时间不宜超过 15min。排污的方法:通常先开一次阀(靠近锅筒或集箱的阀),再微开二次阀,预热排污管路后全开二次阀进行排污,排污完后,先关二次阀,后关一次阀,再将二次阀开关一次,放尽两阀间余水。

二、辅机的运行

对水泵、风机、上煤和出渣等转动机械,启动后应检查各转动部分有无摩擦和异常响声,注意油位、润滑油和轴承冷却水畅通情况等,传动带是否完整,联轴器是否完好;安全防护罩是否完好,地脚螺栓是否牢固。

水泵、风机应空载启动,待运转正常后,再缓慢开启调节阀门。运行中,应定期巡回检查转动机械的运转情况,检查轴承温升、电机温升。一般滚动轴承温度不超过 80℃,滑动轴承温度不超 70℃,润滑油温度不超过 60℃,电机电流和温升不得超过规定值。

三、锅炉的停炉处理

锅炉的停炉分正常停炉、热备用压火停炉和紧急停炉三种。

1. 正常停炉

正常停炉是有计划的停炉,停炉前应根据停炉的目的安排好计划,如停炉前检查的内容,停炉后检修的项目,停炉的时间安排,备齐检修所需设备、材料、备件等。停炉时要逐渐降低锅炉负荷,随后停止给煤,使炉火缓慢熄灭,并将灰渣送入渣坑。停炉后4～6h内,应紧闭所有的门孔和烟道挡板,防止锅炉冷却太快。之后,可少量进水和放水,保持水位,使其自然冷却。禁止停炉期采取连续上水、放水的加快冷却速度的做法。停炉24h后,炉水温度不超过70℃时,方可将炉水放尽,放水时,应打开排气阀放入空气,以防形成真空排不尽水。

2. 热备用压火停炉

因调节负荷或其他需要,暂停锅炉的运行,叫热备用压火停炉。蒸汽锅炉,当用户无负荷或很小时,为保持不超气压,需压火停炉;间歇运行的热水锅炉,达到供热要求后也要压火停炉。压火停炉后,燃料在炉排上的燃烧属富燃料燃烧,以便维持火床一定的温度,待用户需要用汽或用热时,炉排运转,增加引风和鼓风,负荷可开始升高,即压火启炉。停炉操作视燃烧方式和停炉时间长短而定。链条炉和往复炉压火时间较短时,一般先关鼓风,炉排继续推进0.5m左右后再停止。为防止引风停止后炉膛烟气外冒,引风机可多运行数分钟后再停止。若压火时间在24h以上时,可适当加厚煤层再进行上述操作。若压火时间更长,为防止熄火,中途可启动一次或数次。压火停炉后,应进行排污,并向锅炉进水,使水位稍高于正常值并关闭主汽阀。为控制炉排上的燃料燃烧速度,减少压火期间燃料的不完全燃烧损失,应适当关小各风室调节门,适当打开炉门。

3. 紧急停炉

紧急停炉又称事故停炉,是锅炉运行中出现异常情况危及安全运行时采取的紧急措施。紧急停炉的一般操作步骤如下。

(1) 发出事故信号,通知用汽单位。

(2) 停止给煤,停止鼓风,减弱引风(爆管事故应开大引风)。

(3) 往复炉、链条炉关闭煤闸板,快速将燃煤送入渣坑。严禁向炉内喷水灭火。

(4) 关闭主汽阀,如不是缺水事故,又无过热器的锅炉,可开启锅筒放空阀。

(5) 非严重缺水事故时,应维持锅炉水位正常。严重缺水或水位不明时,严禁向锅炉进水或排污。

(6) 炉火熄灭后,打开炉门、灰门进行自然冷却。当受热面烧红时,应缓慢冷却。

四、锅炉的停炉保养

对备用或停用的锅炉,必须采取防腐措施,做好保养工作。一方面应注意清除受热面外部的烟灰,保持炉膛和烟道内的干燥,防止锅炉外部的金属腐蚀;另一方面更要注意锅炉内部金属的直接氧化腐蚀和垢下腐蚀。通常的保养方法如下。

1. 压力保养

适用保养期为一周以内。常用于热备用压火停炉的锅炉保养。保养方法:适当保持炉温,减缓气压下降,维持锅炉气压0.05～0.1MPa,保持炉水温度在100℃以上,使水中氧气溢出,又阻止空气进入锅筒内。气压低于0.05MPa时,可起火升压和(或)用外来蒸汽加热。

2. 湿法保养

适用于保养期不超过一个月,保养方法如下。

(1) 放尽炉水,清除水垢和烟灰,关闭人孔、手孔、阀门等并与运行锅炉完全隔离。

(2) 注入软化水至最低水位。

(3) 用加药泵将配置好的碱性保护液注入锅炉。碱性保护液的成分按表1-4配置。

碱性保护液剂量　　　　　　　　　表1-4

药物名称	药剂用量(kg/t炉水)	药物名称	药剂用量(kg/t炉水)	药物名称	药剂用量(kg/t炉水)
氢氧化钠	2～5	碳酸钠	10～20	磷酸三钠	5～10

(4)继续注入软化水,直至从上锅筒放空阀冒出。

(5)保养期间维持炉水碱度在5～12mmol/L。

(6)保养期间受热面外部要清洁与干燥。

(7)室温低于0℃时,不易采用湿法保养,否则应采取防冷措施。

3. 干法保养

适用保养期大于一个月的长期保养。如热水锅炉非采暖期的停炉保养。保养方法如下:

(1)放尽炉水,打开人孔,清除水垢和烟灰,关闭全部锅炉与外界相关的阀门,使锅筒自然干燥或用微火烘干。

(2)将盛有干燥剂的敞口托盘放入锅筒内,并关闭所有人孔、手孔门。干燥剂用量:生石灰$3kg/m^3$。

(3)首次间隔半个月打开人孔检查一次,以后间隔1～2个月检查一次,看锅炉有无腐蚀并更换失效的干燥剂。

第四节　锅炉运行事故和故障及其处理

锅炉房的运行事故和故障时有发生,常见运行故障产生的现象和原因,是准确判断并处理运行事故和故障的先决条件。

一、锅炉事故及处理

锅炉是一种受压设备,经常处于高温、高压运行状态下,而且还受烟气的侵蚀和飞灰的磨损。若管理不严或使用不当,就会发生锅炉事故,严重时甚至发生爆炸事故。要保证锅炉安全、经济的运行,除了在设计、制造、安装、运行、修理、改造、检验等环节加强安全管理以外,对已经发生的事故应按照"三不放过"的标准,即事故原因未查清不放过,事故责任者和全体职工受不到教育不放过,事故防范措施没有制定不放过。要进行周密的调查和认真的分析,找出发生事故的原因,提出改进措施,防止同类事故重复发生。

根据事故对设备造成的损害程度,将锅炉事故分为爆炸事故、重大事故和一般事故三类。

1. 锅炉事故的分类

(1)锅炉爆炸事故:一般是指锅筒封头、管板等主要承压部件在运行时突然发生破裂,压力在瞬间降到与大气压相等,内部汽水混合物急剧大量汽化,并从破裂口喷出,形成相当大能量的爆炸。

(2)锅炉重大事故:锅炉的承压部件在运行时严重损伤(如严重变形、爆管、烧塌等),或因主要附件损坏,炉膛内气体爆炸引起炉墙倒塌、钢架严重变形等,迫使锅炉停止运行的事故。

(3)锅炉一般事故:锅炉在运行中某一部件损坏,或由于某种原因发生故障,不严重且仍可维持正常运行,不需停炉就能进行修理的事故。

重大事故与爆炸事故都可能是某一受压组件破裂所致,但二者直接的区别在于锅炉内部压力是否在瞬间突然降至外界大气压。例如,锅炉水冷壁管发生爆管,汽水冲击也可能产生很大的破坏,但锅炉内部压力不能在瞬间降到大气压,因此,爆管一般来讲属于重大事故。重大事故与一般事故的区别,是受压部件或锅炉的主要部位是否受到破坏,是否需要停炉修理。

对于造成伤亡大、损失严重或情节恶劣的事故主要责任人员,当地锅炉压力容器安全检查机构应向当地人民检察院提出立案要求,追究责任。

2．事故处理应注意事项

(1)锅炉一旦发生事故,司炉人员一定要镇定,切不可惊惶失措,要准确判断事故原因和采取处理方法,迅速采取果断措施,防止事故扩大。

(2)司炉人员在事故发生现场处理,不得擅离工作岗位。应立即报告主管人员和有关领导。

(3)事故之后,应将发生事故的设备、时间、原因、经过及处理方法等情况详细记入锅炉运行记录中。

(4)除为了防止事故不再扩大和抢救受伤人员而不得已采取的必要措施外,凡与事故有关的物体、痕迹状态,不得破坏,待由公安、检察院、人力资源和社会保障等部门参加的调查组检查完毕并同意后,方能清理现场。在特殊状态下,如不清理现场对象,可能使事故蔓延扩大;可严重堵塞交通,严重影响其他正常活动;有伤员需紧急抢救,必须及时清理时,经本单位主要负责人批准,方可变动现场。移动物体时必须做好现场标志,保持原样,为事故调查创造条件。

事故报告程序:承压锅炉和压力容器应按原国家劳动局公布的《锅炉压力容器事故报告办法》进行报告。一般事故由使用单位分析原因,采取改进措施,不需要统计上报。重大事故,应尽快将事故的原因及改进措施,书面报告当地人力资源和社会保障部门。发生锅炉爆炸事故的单位,应立即将事故概况用电报、电话或其他快速方法报告企业主管部门和当地人力资源和社会保障部门。发生锅炉或压力容器爆炸事故的单位,应立即组织调查,当地人力资源和社会保障部门和主管部门应派人员参加调查。调查结果应填写《锅炉压力容器事故报告书》,并附上事故照片报送当地人力资源和社会保障部门和主管单位。当发生重大损失事故时,尤其是有人身伤亡时,应在抢救伤员和国家财产,防止事故扩大,保护现场的同时,除按《锅炉压力容器事故报告办法》中爆炸事故的程序报告外,还应报告当地人民检察院。

3．锅炉常见事故与处理

1)缺水事故

锅炉事故中,发生最多的为缺水事故,造成锅炉爆炸的主要原因也是由于锅炉缺水而引起的。因此锅炉的缺水事故应该引起足够的重视。如果发生严重缺水的情况,绝对不准向锅炉进水,以免发生恶性爆炸事故。

(1)事故现象

①水位低于最低安全水位线,或看不见,而且玻璃板管上呈白色。

②水位可见,但水位不波动,形成假水位。

③报警器发出低水位报警信号,如装有过热器的锅炉,过热蒸汽温度急剧上升。

④流量大于给水流量,如因炉管或省煤器破裂造成缺水,出现相反现象。

⑤缺水时,有时可闻到焦味。

(2)事故处理

当发生缺水事故时,应以最快速度判明缺水程度或缺水情况。

①如水位表的水位低于最低安全水位线,又可见到水位时,应正确判断缺水情况,检查是否存在假水位情况。

②若水位在最低安全线下,但在水位表下部可见边缘上,则可手动调节加大给水量。

③经上述处理后,如水位仍然继续下降,则应立即停炉,关闭主汽阀,继续向锅炉给水,查

清原因,处理故障,待水位正常后再恢复运行。

④当锅炉严重缺水,即锅炉水位低于水位表的下部可见边缘时,则应立即停炉,并将情况迅速报告锅炉管理干部及有关领导。

2)满水事故

满水事故也是锅炉常见事故。由于锅炉水位超过最高安全水位,会造成蒸汽大量带水。

(1)事故现象

①水位高于最高安全水位,或水位表中看不见水位,玻璃板内颜色发暗。

②水位报警器发出高水位报警信号。

③装有过热器的锅炉,过热蒸汽温度明显下降。

④给水量大于蒸汽流量,严重时蒸汽管内发生冲击。

(2)事故处理

①先冲洗校对各水位表的水位,以确定水位指示的真实性,但必须注意,防止误将缺水事故当满水事故处理。

②如确定为满水,应立即关闭给水阀门,排污、放水,密切监视锅炉水位,防止放水过量造成缺水事故。

③关小鼓、引风机调节阀门,减少给煤,减弱燃烧。

④开启主汽管、分汽缸和蒸汽母管上疏水阀门,迅速进行疏水。

⑤待水位正常后,恢复正常燃烧,投入正常运行。

⑥经放水仍不见水位时,属严重满水事故,此时应紧急停炉处理。

3)水冷壁管及对流管束破裂事故

(1)事故现象

锅炉运行时,水冷壁管及对流管束突然破裂而被迫停炉是一种常见事故。这种事故需要停炉检修,影响生产。事故现象破裂不严重时,可以听到炉内汽水喷射声,严重时发出激烈的破裂声;炉膛变正压,烟气和蒸汽向外喷出;水位、气压、排烟温度下降,烟气颜色发白;给水量大于蒸汽流量;炉膛火焰发暗,燃烧不稳定或被熄灭;严重时炉墙倒塌、汽水、烟气一起从炉内冲出造成人身伤害。

(2)事故处理

①炉管轻微破裂,如能维持正常水位,应紧急通知有关车间后再进行停炉。

②若有备用锅炉,待备用锅炉投入正常运行再停炉。当有数台锅炉并列供汽时,应将此炉与蒸汽母管隔断后停炉。如气压、水位均无法保持,应紧急停炉。当水位低于最低安全水位或水位表下部可见边缘时,切忌向锅炉进水,但要维持引风机运行,待排尽烟气和蒸汽后停炉。

4)省煤器损坏事故

沸腾式省煤器出现裂纹造成破裂,以及非沸腾式省煤器弯头法兰处泄漏是比较常见的损坏事故。省煤器的损坏最易造成锅炉缺水事故,应迅速处理。

(1)事故现象

锅炉水位下降。省煤器附近有泄漏声。排烟温度下降,烟气颜色变白。省煤器下部烟道门向外冒气漏水,灰斗内出现湿灰,严重时有水流出。

(2)事故处理

对沸腾式省煤器,可加大给水,维持正常水位。并迅速降低负荷,待备用锅炉投入运行后停炉检修。加大给水,水位仍继续下降时,应立即紧急停炉。对非沸腾式省煤器,应开启旁路烟道,关闭主烟道挡板,省煤器暂停使用。开启旁路水管阀门,向锅炉进水,注意排烟温度不应超过引风机的允许温度,否则,应降负荷运行,待方便时停炉检修。

5)锅炉超压事故

(1)事故现象

超压事故现象气压急剧上升,超过许可工作压力,安全阀动作。超压报警器发出报警信号。蒸汽流量减少,蒸汽温度升高等。

(2)事故处理

超压事故处理保持锅炉水位正常,减弱燃烧。如果安全阀失灵不能自动排气,用手动启动安全阀排气,或者打开锅炉上的放汽阀,使锅炉逐渐降压。严禁降压速度过快。一面给水,一面排污。降低锅内温度。检查锅炉超压原因和本体有无损坏后,再决定停炉或恢复运行。

6)锅炉汽水共腾事故

(1)事故现象

事故现象水位表的水位急剧波动,没有明显的水位线,看不清真实的水位线。蒸汽中的含盐量增大。蒸汽大量带水,严重时,在蒸汽管道内发生水击。

(2)事故处理

事故处理减弱燃烧,减少锅炉蒸发量。加强给水和连续排污,注意保持正常水位,使锅水更新。采用锅内加药处理的,要停止加药。事故消除后,应冲洗水位表。

7)其他事故

燃烧室、烟道和尾部烟道燃烧事故,主要发生在沸腾炉和燃油、燃气、燃煤粉的室燃炉上。炉膛和烟道爆炸事故(属重大事故),产生的破坏很大,易造成炉膛倒塌和人员烧伤。锅炉尾部燃烧的危害性小些,但对锅炉设备造成的损失也很大。严重时,可将尾部受热面熔化。

二、安全附件常见故障及处理

安全阀、压力表和水位计是锅炉的主要安全附件,一旦发生故障,将直接危及锅炉的安全运行。

1. 安全阀常见故障及产生原因(表1-5)

安全阀常见故障及产生原因 表1-5

常 见 故 障	产 生 原 因
安全阀漏气	阀芯和阀座接触面损坏,或有水垢和污垢等 阀杆中心线不正,阀杆弯曲,阀芯与阀座接触面上的压力不均匀,使接触面损坏 弹簧永久变形,失去弹性 弹簧条腐蚀后断面减小,弹力不够 弹簧式安全阀的弹簧压缩不够
达到规定开启压力时不排气	阀芯和阀座被黏住 阀杆与外壳衬套之间的间隙过小,受热膨胀后,阀杆被卡住,影响动作 对安全阀的调整和维护不当,如弹簧压得太紧或锈住 安全阀装得不正确,阀芯被卡住
不到规定开启压力排气	调整的开启压力不准确 弹簧的压紧度不够或调整螺钉固定不牢 弹簧失去应有的弹力或出现永久变形
排气后锅炉的压力继续上升	可能是选用的安全阀排气能力不够

2. 压力表常见故障及产生原因(表1-6)

压力表常见故障及产生原因　　　　　　表1-6

常见故障	产生原因
压力表指针不动	三通旋塞未打开或开的位置不正确 三通旋塞、弹簧弯管或水弯管其连接管路被堵塞 指针与中心轴的结合部位可能松动 弹簧管与表座的焊口渗漏 扇形齿轮的轴可能松动、脱开,与小齿轮未啮合 指针与刻度盘表面接触,阻碍指针转动
压力表指针不回零位	弹簧管产生永久变形 游丝失去弹性或脱落 弹簧弯管的扩展位移与齿轮(小齿轮和扇形齿轮)牵动距离的长度没有调整好 指针本身不平衡或变形弯曲
压力表指针抖动	游丝损坏 弹簧弯管自由端与连杆结合的螺钉不活动,以致弯管扩展移动时使扇形齿轮有抖动现象 连杆与扇形齿轮的结合螺钉不活动 中心轴两端弯曲,转动时轴两端作不同心的转动 因周围振动引起抖动
压力表指针波动	水中有空气或测点涡流区
表面模糊不清或表面内有水珠出现	壳体与玻璃板面没有垫圈或垫圈部分损坏密封不严,使外部水汽进入 弹簧弯管有裂纹或与表座连接的焊缝有渗漏

3. 水位表常见故障及产生原因(表1-7)

水位表常见故障及产生原因　　　　　　表1-7

常见故障	产生原因
旋塞漏气漏水	旋塞上的填充料不够或不均匀或填壳料变质填料压盖不紧,旋塞与填充料之间失去严密性 锅水对阀座、间芯产生腐蚀,出现麻点坑,使之接触面失去了严密性 阀芯磨损 旋塞阀研磨欠佳 阀的材质不合要求或加工质量差
旋塞拧不动	长期不冲洗 旋塞长期关不严,残留下的盐类或杂物,将阀座和间芯的间隙塞满,使旋塞拧不动
水位表玻璃破裂	玻璃质量不好或选用不当 玻璃管切割进管端有裂口 水位表上下接头不同心,玻璃管被扭断 旋塞开得太快,冷热变化剧烈 新更换的玻璃未经预热 玻璃管安装时未留膨胀间隙或填料压得太紧
旋塞堵塞	锅水中的泥垢或盐类积聚在旋塞中

三、辅助设备常见故障及产生原因

1. 离心泵常见故障及产生原因(表1-8)

离心泵常见故障及产生原因 表1-8

常见故障	产生原因
运转时水泵不出水	吸水管底阀不严或吸水管底阀进入水中深度不够 泵内或吸水管内空气未排尽或开启水泵前未注满水 水泵反转或转速过低 叶轮、吸水管、底阀和滤网等被堵塞 管路阻力太大,锅炉压力太高而超过水泵的能力
运行时流量与扬程下降	吸水管路阻力大于吸入高度,或密封性差,有漏气现象 水泵电机缺相转速低 密封环磨损,径向间隙增大,内漏增加
轴承发热	润滑油质变坏或加油量过少 水泵轴与电机轴不同心 轴承磨损,间隙增大 轴瓦洼窝面损坏,轴瓦油槽开的不对 轴承装配时,间隙(或紧力)不适当
产生振动与噪声	轴承损坏或轴弯曲变形,轴颈磨损 进出水管的固定装置松动或水流超速 平衡盘、密封环磨损,使叶轮与泵壳发生摩擦 水泵轴与电机轴不同心 地脚螺栓松动

2. 离心式风机常见故障及产生原因(表1-9)

离心式风机常见故障及产生原因 表1-9

常见故障	产生原因
风机振动剧烈	机壳或进风口与叶轮摩擦 基础刚度不够或不牢固 叶轮明钉松动或轮毂变形 叶轮轮毂与轴连接处松动 风机振动剧烈机壳与支架、轴承座与支架、轴承座与轴承盖等连接螺栓松动 管道安装不良 叶轮上积灰、污垢严重 叶片磨损、叶轮变形 联轴器歪斜,联轴器螺栓松动,风机轴与电机轴不同心等
轴承温度过高	风冷盘螺钉松动,使自冷失效,或风冷盘积灰及污垢太多 润滑油质量不好、变质、填充过多,或含有灰尘、砂粒、污垢等杂质 轴承座盖连接螺栓紧力过大 轴与传动轴安装不正,前后两轴承不同心 轴承座振动,传动轴承损坏 轴弯曲

续上表

常见故障	产生原因
电机运行电流过大或温度过高	联轴器连接不正,胶圈过紧或间隙不匀 流量超过规定值或进风管漏气 风机输送的气体密度过大或温度过低 主轴转速超过额定值 电动机输入电压过低或电源单相断电
皮带太松,丢转	皮带磨损、拉长 两个三角皮带轮中心距与皮带长度不相称,或调整螺钉松动,带轮中心距减少 两个三角皮带轮位置彼此不在同一中心线上

3. 阀门常见故障及产生原因(表1-10)

阀门常见故障及产生原因　　　　　　　　表1-10

常见故障	产生原因
渗漏	阀芯与阀座的结合面被腐蚀、磨损或有脏物黏结 填料和垫圈未压紧、不匀实或已老化 阀体和阀盖的连接螺栓松紧不一,使阀体与间盖压和不严
阀杆转不动	填料压得过多或过紧 阀杆弯曲变形或锈蚀被卡住 手轮损坏,不能带动阀杆 间板卡死
阀体破裂	内部有砂眼、气孔和细小裂纹,使局部的强度降低 铸铁阀门用强力安装,因受力不均而造成间体破裂 阀体内有水积存被冻裂

4. 燃烧设备常见的故障及处理

1) 链条炉排常见故障及处理(表1-11)

链条炉排常见故障及处理　　　　　　　　表1-11

炉排卡住的现象及原因	处理方法
现象： (1)保险销折断或保险弹簧跳动； (2)炉排电机电流增大,甚至熔断熔断器； (3)炉排断续停止或完全停止转动。 原因： (1)前、后轴不平行,使炉排跑偏； (2)边条及销子脱落卡死炉排； (3)防焦箱距炉架的间隙不合适而卡死炉排； (4)有些链子过长,与牙轮啮合不好,链子卷在齿尖上,使炉排不能转动； (5)炉排片脱落一段,使老鹰铁尖端下沉顶住炉排	(1)立即断电后,用扳手将炉排倒转(一般倒转两组炉排片),根据倒转时用力的大小来判断故障轻重程度。如果轻微卡住,又无其他异常,可继续运行。如果启动后又卡住,则应找出原因并消除； (2)小型链条炉必须停炉检修时,可用人工加煤的方法稍维持一段运行时间,并通知用汽部门,同时迅速做好停炉检修准备； (3)如果是老鹰铁被大块焦渣顶起,可以从看火门处伸入火钩拨正。如果这样做还不能恢复老鹰铁的正常位置,则应停止炉排运行进行处理； (4)由于变速箱发生故障而使炉排不转,应先压火,然后进行抢修

2)往复推动炉排常见故障及处理(表1-12)

往复推动炉排常见故障及处理 表1-12

炉排烧坏的原因	处理及预防
(1)燃用结焦性强的煤,引起炉排过热; (2)高温区炉排通风不良或操作不当(如在炉膛温度高时停风)而烧坏炉排片; (3)煤质过好或炉膛受热面覆盖率过高,造成炉膛温度过高; (4)制造炉排的材料不合格; (5)压火工作不好,炉排上煤复燃	炉排烧坏后,如果影响正常燃烧时,应及时停炉检修。为预防炉排烧坏,针对不同的原因,采取相应措施:燃用结焦性强的煤应增大往复行程,并注意及时拨火,做好压火停炉操作;不宜燃用太好的煤;更换材质优良的炉排片等

第五节 锅炉的检验与维修

一、锅炉检验

新制造的锅炉,可能存在如结构不合理、钢材选用不当、制造质量低劣等问题,成为运行中的重大事故隐患,因此要加强运行锅炉的检验。即使锅炉设计、制造、安装没有问题,也绝不能忽视运行锅炉的检验。锅炉是压力容器,又处于受热条件下运行,工作条件比一般机械设备恶劣得多,受热面内外长期接触火、烟、灰、气等物质,对锅炉组件有腐蚀和磨损作用;随着负荷和燃烧工况的变化,设备和组件会发生疲劳损坏;受热面因结垢或水循环破损等原因而烧损、鼓包甚至开裂。只有加强锅炉的检修,才能及时发现缺陷,弥补缺陷,延长锅炉的使用寿命,进而防止恶性事故的发生,实现安全、连续稳定的锅炉运行。根据《蒸汽锅炉安全技术监察规程》和《热水锅炉安全技术监察规程》的规定,对运行锅炉的检验,包括外部检验,定期停炉内、外部检验,水压实验三种。

1. 外部检验

外部检验,也叫非定期检验,是由司炉人员和锅炉管理人员在锅炉运行中进行的经常性检验。主要是司炉人员,在运行操作的同时,结合对设备的巡回检查工作,对锅炉的安全状况做比较详细认真的检验,如发现不正常现象,应及时进行处理。外部检验的内容参见本章第二节。此处,还可以在有关人员配合下,进行安全阀和排气性能试验,或对锅炉的操作规程、岗位责任制、交接班制度等的执行情况进行检查。

2. 定期停炉内、外部检验

定期停炉内、外部检验,一般是在锅炉有计划的停炉检修、洗炉前后进行的。通过内、外部的检验,要对锅炉设备状况做全面评价,对存在的缺陷要分析原因,并提出处理意见,最后确定能否继续使用。内、外部检验的期限:对于蒸汽锅炉,规定每两年进行一次;新锅炉运行的头两年、实际运行时间超过10年的锅炉及汽改水卧式锅炉,每年应进行一次;对于热水锅炉,规定每年进行一次。检验内容见本章第二节。

检验前要做好准备工作。通常定期检验要结合生产和维修计划进行安排,并提前两个月向当地人力资源和社会保障部门或专业检验所(站)报检。为方便检验人员了解锅炉使用和管理情况,应将锅炉登记表、锅炉运行记录、水质化验记录、上年度检验报告等准备好,供检验人员查阅。打开人孔、手孔、检查孔和灰门、炉门、烟道门各种门孔。彻底清楚烟灰和水垢,露出金属表面,水垢样品留检验人员检查。拆除妨碍检查的汽水挡板、分离装置及给水装置、排污装置等锅筒内件。受检锅炉与热力系统相连的汽水管道及烟风道必须采取可靠隔绝。检验所用照明电源应是安全电源,一般电压不超过12V。在比较干燥的烟道内并有妥善的安全措施时,可采用不高于36V电压。检验时,应有监护人员做好检验人员的安全监护工作。

3. 水压试验

锅炉的水压试验是锅炉检验的一种重要手段,运行正常的锅炉规定每6年进行一次。除定期检验外,锅炉有下列情况之一时,也应进行内、外部检验和水压试验:

(1)新装、移装锅炉运行前;

(2)锅炉停止运行一年以上,需要投入或恢复运行前;

(3)受压组件经重大修理或改造后;

(4)根据锅炉运行情况,对设备的安全可靠性有怀疑时。

水压试验的目的是鉴别锅炉受压组件的严密性和耐压强度。严密性主要是检验锅炉受压组件的接缝、法兰接头及管子胀口等是否严密,有无渗漏。耐压强度主要是检查锅炉受压组件是否因强度不足,而在试验压力下发生残余变形,由于水压试验压力下的应力比材料的屈服极限低得多,一般在水压试验时,不会发生强度上的问题,所以用水压试验检验耐压强度不是主要的。要严格按照水压试验的规定进行试验,尤其不应超过规定的实验压力进行打压。有人认为按需要的工作压力加倍打水压,合格就安全,这是十分错误的。如果有的锅炉结构上有缺陷(比如角焊连接),在水压试验时不一定使其破坏,但可能使其发展。又如有的锅炉焊缝内部缺陷虽然超过合格标准,水压试验也不一定使其破裂,但可能使其发展。又如对有的锅炉焊缝也不一定使其破裂,但是锅炉投入运行后,就可能发生爆炸事故。水压试验压力的规定水压试验压力应符合表1-13的规定。

水压试验压力 表1-13

名　称	锅筒工作压力/p	试　验　压　力
锅炉本体	<0.59MPa	1.5p,但不少于0.20MPa
锅炉本体	0.59~1.18MPa	1.0p+0.29MPa
锅炉本体	>1.18MPa	1.25p
过热器	任何压力	与锅炉本体试验压力同
可分式省煤器	任何压力	1.25p+0.49MPa

水压试验时,应力不得超过组件材料在试验温度下屈服强度的90%。水压试验前的准备工作,连接试压的管道、试压泵,关闭所有的门孔,除进水阀和排气阀外,其他阀门的管座均用盲板隔断。在锅筒顶部装上经过检验合格的压力表。缓慢上水,在排气阀处向外冒水时,停止上水,关闭排气阀。水压试验应在周围气温高于50℃时进行,低于50℃时必须有防冻措施。水压试验用的水应保持在高于周围露点的温度,以防锅炉表面结露。但也不宜过高以防止引起气化和过大温度应力,一般为20℃~70℃。为防止用合金钢制造的受压组件在水压试验时造成脆性破裂,水压试验的水温应高于该钢种的脆性转变温度。这点很重要,在国内、外都出现过这方面的事故。应采用手摇式电动活塞式试压泵进行水压试验,不准用电动离心式水泵代替,以防止受压组件,特别是胀口、焊缝等处升压过猛,造成损坏,拆除部分覆盖物,以使修理部位或有怀疑的部位暴露,便于检查判断。

水压试验的程序。停止进水后,用试压泵缓慢升压(升压速度以0.1MPa/min为宜)。当压力上升到工作压力时,应暂停升压,检查有无漏水或异常现象,然后再升压至试验压力,焊接的锅炉应在试验压力下保持 5min 期间,压力应保持不变,如因阀门及管座渗漏而使压力下降,最多只允许下降 0.05MPa(如果压力下降太快,则应停止水压试验)。然后降到工作压力进行全面检查,检查期间压力应保持不变。

水压试验的合格标准。根据规程的规定,水压试验的合格标准是在受压组件金属壁和焊缝上没有水珠和水雾;焊缝和胀口处,在降到工作压力后不漏水,水压试验后肉眼观察,没有发生残余变形。

二、锅炉维修

锅炉及其辅助系统的维修是锅炉房的安全、经济运行的重要保证。维修分为以下三种。

(1)运行中的维修即锅炉在运行中及时处理临时故障的维修,如保持安全附件的灵敏可靠,维护保养辅助设备,检修管道,堵塞阀门的跑、冒、滴、漏等。但必须注意,任何时候都不得在有压力的情况下修理受压组件。

(2)小修通常每 3~6 个月进行一次,在停炉期间对锅炉进行内外部检查和维修。如压力表的检验,保温层和炉墙的局部修理,检修辅机,研磨阀门,对燃烧设备、水处理设备进行维修等。

(3)大修每年进行一次,配合锅炉检验所进行停炉的内部检验和修理。主要内容包括:检修炉墙,全面维修燃烧设备、辅机、安全附件和管道阀门,对检验部门在《定期检验报告》中指明的受压组件的重大缺陷进行修理等。

1.锅炉本体的维修项目(表 1-14)

锅炉本体的维修项目 表 1-14

小　修	大　修
清扫受热面外部的积灰、结渣	消除受热面外部烟灰及内部水垢
检查水垢情况,严重时要除垢	检查受压组件的变形、磨损和腐蚀情况
修理或更换个别损坏的受热面管子	更换手孔、人孔盖的垫片
检查空气预热器的严密性	检查空气预热器的严密性
消除手孔、人孔泄漏	水压试验
清除炉膛内的积灰及结渣	清除炉膛内的积灰及结渣
检修炉门、防爆门、人孔门、看火门等处的炉墙	检修炉拱、隔烟墙
修补炉墙,堵塞漏风	整个或部分炉墙的重新砌筑
检查传动、减速装置,并加油	检修或更换各部位轴承
检查喷嘴、燃烧器、调风装置	清洗、检修变速箱
检修炉排,补充炉排片或炉条	检修炉排,补充或更换炉排片及炉条

2.安全附件的维修项目

(1)水位表:小修检查汽、水旋塞,消除泄漏;及时修复照明设备;大修清洗内表面;更换填料、垫片、检修或更换汽、水旋塞。

(2)压力表:小修检查三通旋塞及接头,消除泄漏,检验压力表并加封印,冲洗存水弯管;大修拆检存水弯管、三通旋塞及接头;外表除锈、油漆;检验压力表,并加封印。

(3)安全阀:小修检查安全阀有无泄漏;检查排气管、泄水管是否畅通;大修调整安全阀,并加铅封;检查排气管、泄水管是否畅通。

3. 汽水系统维修项目

(1) 离心式水泵：小修检查各部件，加填料及轴承润滑油。

(2) 大修更换填料：更换轴承、并换油，检修轴套及叶轮；检修、调整各部位间隙。

4. 管路及阀门维修项目

(1) 小修修理保温层；检修管道、阀门的泄漏。

(2) 大修检修或更换损坏的管道；研磨阀门，更换填料、垫片。

5. 仪表及自控系统维修项目

(1) 小修清洗、检修有关仪表及自动装置。

(2) 大修检查、清洗、修理、检验或调整各种仪表。修理或更换线路及连接系统。检修、调整或新增自动控制转置。

6. 燃料供给及除灰渣系统维修项目

(1) 小修检查上煤机、破碎机、除渣机等设备，更换易损件，添加润滑油。检查燃油、燃气锅炉的油、气管路系统是否渗漏、堵塞和积水，消除渗漏、堵塞和积水，清洗油杯。

(2) 大修拆修上煤机、破碎机、除渣机等设备。检查并修补煤闸板、煤斗、灰渣斗。彻底消除燃油、燃气锅炉的油气管路系统的渗漏、堵塞和积水，更换油杯。

7. 烟风系统维修项目

(1) 送、引风机：小修修补叶轮，校验平衡，更换轴瓦或清洗轴承；修补调风阀及其传动零部件。大修检修调风阀及其传动机构；检修或更换导向装置、叶轮、轴、轴瓦及其他零部件；检修或更新风机外壳、内衬板、冷却水管。

(2) 防尘设备：小修检修或更换磨损和腐蚀的零部件；清理灰坑中积灰，检查修理漏风处；大修检修或更换旋风子、除尘器外壳或衬板、锁气器等；检修水膜除尘器的主管、喷水管、隔水板和隔烟墙；修理给排水管及阀门。

(3) 烟风管路：小修堵塞漏风；检查及校正烟、风阀门及传动机构；检查吹灰设备及其管道，清除泄漏，检修易损件。大修检查、更换或修理吹灰设备、烟、风道阀门及其传动机构；检修或更换防爆门，修理损坏的烟风管道。

第二章　供热系统的验收、启动、运行和故障处理

第一节　供热系统的验收

一、供热系统外观检查

供热系统的验收包括外观检查、压力实验和冲洗。外观检查是检查系统中安装设备的规格、性能是否与设计书相一致,并检查整个系统的安装质量。

1. 室外热力管网的外观检查

在整个施工期内,室外热力网的外观检查包括:
(1)管网的放线定位;
(2)管网构筑物的施工及安装的支吊架;
(3)管道就位,定高程以及管道的连接;
(4)管网强度和气密性试验;
(5)管道刷泊、保温、着色;
(6)地下管网的地沟封顶及填土。

室外热力管网安装完成后的检查重点包括:
(1)管网的焊接质量;
(2)用法兰连接的管件,如阀门、套筒补偿器等的连接质量;
(3)管线的直线度和坡度,管网的最高点应有排气装置,最低点应有放水或疏水装置;
(4)管线上阀门的规格、型号、安装位置应与施工图相符,蒸汽管网中不能误用水阀门,截止阀的安装不能颠倒,所有阀门的手轮应完好无损;
(5)检查管线上的各种补偿器;
(6)检查管线的支架和保温情况。

2. 用户供暖系统的检查

用户供暖系统的检查主要包括施工设计图的核对和安装质量的检查。

根据施工设计图应核对以下内容:
(1)散热器的型号、规格,组装片数、放气门的位置等;
(2)阀门的规格、型号及与管网的连接方式;
(3)膨胀水箱的安装位置及固定方式;
(4)排气装置,如集气罐、自动跑风放气阀的安装位置及与管网的连接方式;
(5)放水和疏水装置的型号、规格、安装方式;
(6)补偿器的规格、形式及与管网的连接;
(7)管道的布置及保温。

安装质量检查有以下要求:
(1)明装立管必须垂直,立管穿楼板处应有套管;

(2)水平干管必须保持规定的坡度,方向不能相反。穿过门、窗上下弯曲处,应有排气、放水或疏水装置;

(3)水平干管上安装的所有阀门的阀杆,应垂直向上或向上倾斜;严禁垂直向下或向下倾斜,阀门方向不能装反;

(4)散热器支管的坡度不能装反,安装散热器的托钩符合规定并在墙上固牢;

(5)膨胀水箱的各种附属管路应齐全,膨胀管、溢流管和循环管上不能安装阀门;

(6)所有管道的支架、托钩和管箍都必须牢固,穿墙处均必须有套管,保温管道均需保温良好。

二、压力试验

压力试验的目的是检查供暖系统的强度和气密性,一般压力实验多用水进行,所以又常称其为水压试验。

在压力试验之前,应先对供暖系统进行充水,而后根据供暖系统各部分的压力要求,分别进行压力试验。

1. 供暖系统的充水

供暖系统的充水通常进行两次,一次是对系统进行试漏;一次是为水压试验作准备。系统充水必须在入冬以前进行,如果冬季试验,热网充水应用65℃~70℃热水,充水应分段进行且最好选在白天,以便检查泄漏情况。用户系统的充水应按以下步骤进行:

(1)对系统全面检查,并打开管网中的所有阀门,以便充水后水能流到所有部分;

(2)可直接由城市上水管道向用户系统充水,水压不够时可借助于手摇泵或补水泵,也可利用锅炉房的循环水泵向用户系统充水;

(3)充水过程应缓慢进行,个别部位轻微漏水时,可做上记号或采取临时措施,如拧紧螺栓或用胶布缠住后继续充水,但如果出现严重泄漏,应及时停止充水;

(4)系统充满水后,逐个检查管网的所有部位,进行修复。

蒸汽供暖系统充水时应注意以下事项:

(1)蒸汽供暖系统最高点通常无排气装置,因此充水时上部不能充满,此时可将系统最高处水平管段上的法兰稍微松开排气,或安装时在管网最高处安一排气阀;

(2)蒸汽管网的支、吊架设计时只考虑了管道的自重和保温层的重量,未考虑管道被水充满时的附加重量,因此充水时对大直径的管道应增设附加的支撑物。

室外热力管网的充水过程和用户系统的充水基本相同,对管网进行系统检查后,即可利用锅炉房的循环水泵向室外管网充水。

2. 室外热力管网的水压试验

室外热力管网的水压试验大多在保温之前进行,如在保温后进行,焊缝和法兰处应暂不保温,以便观察。地沟或埋设管道的水压试验,也应在封顶或埋土前进行。热力管网的水压试验不宜安排在冬季,以免造成管道冻结。

室外热力管网的试验压力,一般为工作压力的1.25倍,并且不小于工作压力加500kPa,即总试验压力不小于100kPa。管路上阀门的试验压力,应是其公称压力的1.5倍。试验压力应保持5min,然后再降至工作压力进行检查。

3. 用户系统的水压试验

用户系统水压试验的压力有如下规定:

(1)用户系统的试验压力为工作压力加100kPa,系统最低点的试验压力不得小于 300kPa；

(2)压力低于 70kPa 的低压蒸汽供暖系统,最低点的试验压力不得小于 200kPa；

(3)工作压力高于 70kPa 的高压蒸汽供暖系统,试验压力为工作压力加 100kPa,但系统最低点的试验压力不得小于 300kPa。

用户系统进行水压试验前,必须将系统中的空气排净,并与室外热力管网隔断。热水供暖系统的管网还应与膨胀水箱断开。试验压力应保持 5min 才合格。热力入口处的设备也应单独进行水压试验。水加热器的水压试验压力应为工作压力的 1.5 倍,喷射泵的试验压力也为工作压力的 1.5 倍。

4. 气压试验

气压试验一般在冬季到来之前进行,如果供暖系统必须在冬季进行压力试验,则可以采用气压试验,以避免冻结的危险。

气压试验采用压缩空气,常用的压力为 100kPa,试验系统中的压力应在 10min 内保持 100kPa,若 10min 内压力降不超过原来压力的 15%,试验也算合格。

三、管路冲洗

供暖系统在安装过程中常有脏物混入,为此在水压试验之后,试车运行之前,必须对供暖系统进行一次冲洗和吹净。

通常是将室外热水管网和用户供暖系统分别进行清洗,冲洗一般需要反复进行两三次。冲洗时应尽量提高水速,以便将脏物顺利冲出来。在放水后期,还需将各放水丝堵拧开,以使积存的脏物能从 U 形旁通管、过门弯管等处排出。对室外管网,除分段冲洗外,还应在循环水泵的吸水管上安装除污器除污。对供暖系统也可以采用蒸汽吹净或压缩空气吹净的方法。蒸汽供暖系统大多用蒸汽吹净,因为蒸汽流速高达到 40m/s,可以比水冲洗得更干净。

用压缩空气清洗时,常将压缩空气和城市上水管道的供水一起送入供暖系统。压缩空气使系统中的水鼓泡、扰动形成一种乳状气水两相流,能将脏物更顺利地排出。当排水管排出清水时,即可停止吹净工作。

第二节 室外热力管网的启动

室外热力管网验收之后,就可以进行管网的启动,启动中最主要的工作是进行管网的安装调节,目的是保证管网上所有用户都能获得设计流量。

一、室外热力管网的安装调节

1. 根据压力降进行安装调节

先从离锅炉房最近且有剩余压力的用户开始调节,先关小用户热力入口处供水管上的闸阀,使压力表上的压力与用户设计的压力相一致。然后由近到远依次调节用户的压力,当所有用户的压力都调节完后,需再对已调过的系统重新调节一遍,一般应反复调节几次。

2. 根据温度降进行安装调节

先从离锅炉房最近的用户开始,由近到远依次调节所有用户热力入口处的供、回水温度降,使其接近设计值,如此反复调节几遍,直到供、回水温度降符合规定为止。也可同时根据温度降和压力降进行调节,其调节效果会更好。安装调节完成后,供、回水干管上阀门的开启度应铅封固定或加锁。

3. 室外蒸汽管网的安装调节

室外蒸汽管网一般调节用户热力入口处蒸汽干管上的阀门，使压力达到用户要求的设计压力。加压回水的蒸汽管网，对凝结水管路应细致调节，以免凝水回流不畅。

二、用户蒸汽供暖系统的启动

充水后的安装调节，是用户供暖系统启动的关键工作。单管同程系统所有垂直立管的温降，应基本相同，可将所有阀门打开后细致调节，使所有散热器都能按设计值放热，以保证所有供暖房间都能达到设计的室内温度。用户蒸汽供暖系统的启动步骤如下：

(1)先把用户系统干管、立管和散热器支管上的阀门全部开启；

(2)缓慢开启用户热力系统入口处蒸汽干管上的阀门进行暖管，注意主汽阀不可开得太快，以免引起水击现象损坏管路；

(3)送气过程中，密切注意排气阀，当排气阀冒蒸汽时，说明排气过程已完成，应及时关闭排气阀；

(4)系统加压到设计压力后，打开疏水器前、后的阀门，关闭疏水器的旁通阀，检查疏水器的工作状况，并打开疏水器底部排污口的丝堵，用蒸汽冲洗疏水器；

(5)检查减压阀、安全阀、压力表及管路的缺陷，应及时处理。

启动后即可进行安装调节，一般只需调节散热器支管上的阀门，以保证所有散热器都能同样被加热。

第三节 供热系统的运行

一、室外热力管网的运行

室外热力管网有地上架空敷设和地下敷设两大类。其运行管理工作有如下要求。

1. 巡线检查

架空敷设管道巡线检查的内容包括：

(1)管网支撑、吊架是否稳固、完好；

(2)管网保温层和保护层是否完好；

(3)管网连接部位的严密性；

(4)管网的疏水装置是否正常、良好；

(5)管网中的阀门和压力表是否工作正常。

地下管线巡线检查的内容包括：

(1)地沟和检查井是否完好，是否不受地下水的侵袭；

(2)管网保温层、保护层是否完好；

(3)阀门、补偿器是否处于正常工作状态。

2. 室外热力管网经常性的维护工作

(1)定期排气；

(2)定期排污；

(3)定期润滑阀杆，使阀门始终处于易开易关状态。

二、用户供暖系统的运行

直接连接的热力引入口上的阀门,安装调节后决不能擅自再动,最好将热力入口处的阀门封闭起来并上锁。运行期间供、回水干管之间旁通管上的阀门应关好。对于设喷射器连接的热力入口,应注意喷射器前、后压力表的指示值是否符合要求。

用减压阀连接的热力入口,运行期间除注意减压阀前后的压力外,还应检查减压阀的安全阀是否正常,否则如果安全阀失灵就有可能损坏系统中的散热器。

疏水器是蒸汽供暖系统的关键设备之一,在运行中应经常检查,出现故障时应及时排除。

用户供暖系统还应定期排气,注意防冻。

三、供暖系统的停止运行

1. 供暖系统的放水

当供暖系统停止运行后,可在进行锅炉放水的同时,进行锅炉房内部管路放水,然后放室外管网的水,最后放用户供暖系统中的水。放水后用清水对各部分管网进行冲洗。放水和冲洗时,应先打开管网中的排气阀,并将管网中所有阀门均打开。放水和冲洗后,应关好所有的排气阀和放水阀,其余阀门的开关依据管网保养方法决定。

放水冲洗时应注意,不要将水排入地沟和检查井内,或倒流到建筑物的基础下。放水后系统中所有的容器、水泵、除污器等,都要进行人工清洗,除去所有脏物。冲洗后,管网的所有缺陷应作上记号,并记入技术档案。

2. 供暖系统的保养

对热水管网通常采用充水保养,蒸汽管网有条件的也应采取充水保养。

当采用空管保养时,放水和冲洗应特别仔细,任何部位均不应留有积水,所有阀门应关严。系统中的各种容器冲洗干净后,应让其自然干燥一段时间后,除去内、外表面上残留的旧漆,按规定再重新刷保护漆保护。

第四节 供暖系统的故障处理

一、供暖系统不热

如果供暖系统中所有的用户系统都不热,原因一定出在锅炉房中;如果部分用户不热,原因可能出在锅炉房内,也可能出在外部热力网上。例如,可能是锅炉出力达不到要求或循环水泵的流量和扬程不够;也可能是外部热力管网泄漏或堵塞;若立管不热,则可能是热力入口处热媒的温度和压力没有达到设计要求,或是排气装置不灵形成气堵所致;若散热器不热,则可能是支管堵塞或系统排气不畅,或是疏水器漏气。

二、室外热力管网的故障

1. 管道破裂

产生的原因包括:

(1)管道材质欠佳或焊接质量不好;

(2)补偿器的补偿能力不够或不起作用;

(3)管道被冻坏;
(4)管道内发生水击;
(5)管道支架下沉;
(6)滑动支架锈住,不能滑动。

2. 管道堵塞

管道堵塞或部分堵塞的原因包括:
(1)热媒所携带的脏物在管内淤积;
(2)金属管内壁的腐蚀物剥落后,堆积在管内;
(3)水质欠佳、水垢严重;
(4)阀门或管道连接部位的密封填料破损后,掉入管内。

3. 管道连接处热媒泄漏

热媒泄漏的原因包括:
(1)法兰之间的垫片失效、老化、断裂;
(2)安装时法兰密封面不平行,法兰面有凹坑或刻痕;
(3)连接螺栓未拉紧或松紧不一。

4. 补偿器故障

自然补偿器、方形补偿器、波纹管式补偿器等都很少发生故障,只有套筒式补偿器故障较多,其主要故障包括:
(1)泄漏,原因是填料老化失效,填料盒未拉紧;
(2)内筒咬死,原因是填料装得过紧,内外套筒偏心,补偿器一侧支架破坏引起直线管段下垂;
(3)补偿能力不够,原因是设计时选型不当,补偿器上双头螺栓保持的安装长度不够;
(4)内筒脱出,原因是补偿器上防止内筒脱出的装置损坏。

可根据故障原因,进行相应处理。

三、用户供暖系统的故障

1. 螺纹连接部位有热媒外漏

主要原因包括:
(1)螺纹管件本身质量不好,如有砂眼、裂纹,安装时未发现;
(2)螺纹连接时未拧紧;
(3)密封材料选用不当或老化失效。

2. 管道泄漏

主要原因包括:
(1)受冻破裂,常发生在外门附近的过门管道,或穿过不供暖房间的管道上;
(2)管道被磨破,主要发生在未加套管的穿墙或穿楼板的管道上;
(3)管道被腐蚀穿孔,管内发生氧腐蚀,管外的保温材料被硫化物腐蚀或被地下水侵蚀。

3. 减压阀的故障

(1)减压阀不通,原因是控制通道被堵塞,活塞在最高位置被锈死;
(2)减压阀直通,不起调节作用,原因包括主阀弹簧断裂或失灵,膜片损坏,阀瓣阀座密封面有刻痕或脏物,主阀阀杆卡住失灵,脉冲阀阀柄卡住失灵;
(3)减压阀后压力不能调节,原因可能是调节弹簧失灵,活塞环在槽内卡位,气缸内充满凝结水；

(4)减压阀后压力波动大,原因多为进、出减压阀的热媒流量波动较大。

4.疏水器的故障

(1)不排水,如果是浮筒式疏水器,有可能是疏水器前、后压差过大,浮筒过轻。疏水阀孔过大,止回阀阀尖锈死在阀孔上。阀孔或通道堵塞,阀杆或套筒卡死。

热动力式疏水器,冷而不排水是由于蒸汽或水没有进入疏水器,或疏水器内充满脏物;热而不排水的原因是根本无水进入疏水器。

(2)漏气,疏水器漏气的原因有可能是疏水器本身问题,也有可能是疏水器旁通阀的问题。对于热动力式疏水器,阀座和阀片磨损是造成漏气的主要原因。

(3)疏水器一次排水量过小,此情况多发生在浮筒式疏水器中。此时疏水器机件动作频繁,阀尖磨损大。产生的原因是浮筒内沉积的脏物使浮筒容积缩小,浮沉频繁;或浮筒生锈、结垢增加了重量。可根据故障原因,进行处理。

四、供暖中的重大事故

对于用户室内供暖系统,管路中压力突然升高,造成铸铁散热器破裂就算大事故;外部管网,最重大事故是管道严重破裂,热媒大量外漏;最严重的事故主要发生在锅炉房中,其中以锅炉爆炸最危险。

防止供暖系统发生重大事故,避免供暖完全中断,设备严重损坏或人员伤亡,是供暖系统管理中一项非常重要的任务。

第五节 供热系统故障及排除方法

造成供热系统不热的原因很多,归纳起来主要有三个方面:一是由于设计上的缺陷;二是由于施工不合理;三是由于运行管理不当。这三个方面任何一方面出了问题都会导致系统不热。在这里主要分析第三方面的原因,并提出解决问题的办法。

供暖系统设计上的缺陷主要是采用了不切合实际的系统形式,造成垂直失调或水平失调,另外设计中犯了一些错误,如并联环路在设计流量下阻力不平衡,集气罐位置错误,管线坡度坡向不对等,造成系统不热。

供暖系统施工不合理主要体现在以下几个方面:一是散热器、管道安装时没有清理干净内部污物,运行时会形成堵塞;二是由于各种原因形成管道反坡向,系统聚气形成气囊;三是安装缺陷造成系统故障,如有方向性的阀门装反,干管与立管连接时开孔过小等;四是管道绝热质量太差,造成过大的热损失。

从整个供暖系统来看,运行管理主要包括锅炉房、室外管网、热用户三个方面。只有在三个方面都正常时,才能保证供暖系统的供暖效果(门、窗开启过大或不能关闭造成热负荷增大属非正常原因,这里不考虑)。

一、供暖系统常见故障及排除方法

1.锅炉房的缺陷引起的系统不热

(1)锅炉出力不够

除了锅炉选型太小的原因外,在实际运行中由于煤质差、司炉水平较低、供暖面积增加等原因都会造成供水温度太低而导致系统不热的现象。对这些实际情况,应进行认真核算,准确得出供暖系统和锅炉的第一手资料,如确属锅炉出力问题,有条件的可增加锅炉运行台数,如无锅炉可增,应实行连续运行制度,情况将有所改善;调进优质煤,提高司炉水平,暂时度过"难关",待停火后增大锅炉容量。

另外锅炉内部结垢、受热面积灰、漏风量大也能造成锅炉出力不足的现象。这时要加强水质处理和排污,使水质达到标准;定期吹灰和向炉膛内投放清灰剂;堵漏风。

(2)循环水泵不合理的循环使水泵流量不够,使回水温度降低,供、回水温差过大,热量不能正常被输送出去;循环水泵流量过大会导致供、回水温差过小,影响锅炉升温,也会造成系统不热。因此,循环水泵选型一定要合理。当系统流量过大时,可适当关小用户引入口处的阀门或循环泵出口阀门。

(3)鼓、引风系统有问题:鼓、引风机风量不够,原因是风机性能减退或传动皮带松了,应及时更换风机或皮带。风管、风道不严应及时进行修补并注意保养维护,风管上的碟阀出了问题要及时检修或更换。为了预防风管腐蚀漏风,应做好风管的防腐。

冷空气进入烟管、烟道和烟囱会引起烟气系统引力的减少,可用点燃的火苗在怀疑漏风处检查,在漏风处,火苗向里倾斜或被熄灭。对漏风点应用硅酸铝制品或掺有石棉纤维的耐火泥加以修补。烟管、烟道和烟囱中有堵塞物使风量减少,应定期检查,及时清理。

2. 由于排气不当引起的系统不热

热水供暖系统中空气始终是有害的,它影响水循环,产生腐蚀和噪声,系统运行中必须重视排气的问题。

(1)间歇供暖初运行时系统充满了空气。在实际中应用较多的上供下回系统中,应从回水管充水,空气将会顺利地从排气装置被排出系统。若从供水管充水,空气将被憋在系统中,运行时造成系统不热。

(2)冷水被加热时,水中的空气逐渐被分离出来,正常情况下将从集气罐排出。当集气罐故障时,空气系统会发出较大的水流声,局部区域将达不到供暖效果。这时应对集气罐进行检修或更换。

(3)在实际运行中,由于管理上的疏忽,系统出现跑、冒、滴、漏或管道被破坏等情况造成大量跑水及人为的泄水,使系统进入大量空气,不仅影响系统运行,而且会缩短使用寿命。故在运行中要加强管理,及时补漏,做好运行记录。

3. 由于室外管网引起的系统不热

(1)管道绝热层脱落或地沟进水淹没管道,使管网热损失增加。解决办法:修补绝热层和地沟。

(2)系统失水量太大,补水量明显增加。解决办法:经常检查系统,发现漏点,及时修补。

(3)网路有新增用户,原来的平衡被破坏。解决办法:重新调整系统。

(4)管道支架损坏,管道塌腰变形,影响水循环。解决办法:修复支架,修复或更换管道,找正坡度。

(5)运行调节受到人为破坏,管网失调。解决办法:热网安装调节后,固定(或标记)阀门开启度,保护好阀门,避免人为破坏。

(6)管道有堵塞或冻结现象。解决办法:清理除污器,并在网路泄水点排放污物,严重堵塞时,迅速查清原因,必要时拆管维修;冻结一般出现在管网末端,要加强管网末端水循环。

4. 热用户自身原因引起的系统不热

(1) 用户从跑风、水嘴放水,造成系统缺水,供水温度降低,使系统不热。解决办法:拆掉不必要的放气装置和水嘴。

(2) 系统中空气不能及时排出,形成气塞,破坏水循环。解决办法:检查跑风、集气罐是否失灵,进行检修或更换。

(3) 人为关小立管阀门使部分用户不热。当出现上热下冷现象时,上层用户可能会关小立管阀门。解决办法:适当减少上层散热器片数,增加下层散热器片数(或开大上层跨越管阀门开启度)。

(4) 阀芯脱落堵塞管道,锈块(片)堵塞阀门使系统不热。解决办法:检修或更换阀门;反复开关阀门挤碎锈块(片)让水冲走。

(5) 散热器积灰太厚,钢串片散热器钢串片松动,导致散热效果下降。解决办法:及时清理灰尘,维修或更换钢串片散热器。

5. 蒸汽供暖系统的故障及排除方法

(1) 热源出力不足,供汽参数偏低,供汽时间短,新增用户太多使系统不热。解决办法:若无条件增加热源出力,可提高司炉水平,延长供汽时间,对系统进行重新调整,最大限度满足用户需求。

(2) 个别环路散热器不热。原因:入口处阀门开启度不够或新增用户后未进行调节。解决办法:检查并开大入口阀门,重新对系统进行调整。

(3) 网路末端散热器不热或热得慢。原因:入口处阀门开启度不够,管道漏气,绝热层脱落,系统内有空气。解决办法:开大入口阀门,检修管道,修补管道绝热层,排出系统内空气。

(4) 疏水阀堵塞,回水管阀门开度小,回水管堵塞。解决办法是检修疏水阀,开大回水阀门,疏通回水管易堵塞的地方(如阀门、弯头等处)。

(5) 个别立管不热。原因:立管阀门开度小或立管堵塞。解决办法:开大立管阀门,检查立管,必要时拆开检修。

(6) 发生水击现象。原因:管道弯曲太多,有反坡度,设备中有积水。解决办法:调直管道,调整坡度坡向,排除空气和积水,并缓慢送汽。

(7) 系统跑、冒、滴、漏。原因:管道连接不合格,阀件质量差,没解决好管道热膨胀问题,送汽时阀门开的过急。解决办法:检修管道连接点,维修或更换阀件,合理解决管道热膨胀的补偿问题,送汽时缓慢开启阀门。

二、供热系统的维护管理

供热系统的维护管理包括运行前、运行期间和停运后的维护管理,以及系统的防垢与防腐。

1. 运行前的维护管理

供热系统在每年运行期来临之前,需要检修所有的热力管道与散热设备,清洗内部污垢及表面污垢。并对系统进行试水、检查、修补漏点,保证系统能正常投入运行。

2. 运行期间的维护管理

供热系统的维护管理应根据各单位具体情况制定巡回检查制度,做好运行记录,目的是为了掌握系统的运行工况,防漏、防冻,发现问题,及时解决。特别应注意以下几个问题。

(1)检查中要做到"四勤"

①勤看——看系统的管件有无损坏或渗漏。

②勤摸——摸散热器有无不热的现象。

③勤放——热水供暖系统,特别是末端要常放气。

④勤修——检查中有问题要及时修理。

(2)运行维护管理的重点

①电机、水泵运行是否正常。

②各种仪表(压力表、温度计、流量计)指示是否正常。

③系统中所有的疏水阀、排气装置、各种调节阀及安全装置等的作用是否正常。

④室内供暖温度与热风出口温度是否正常。

⑤围护结构保温及门窗关闭情况。

⑥热管道地沟检查井盖子是否盖好,沟中有无积水;架空管道绝热层及保护层是否完好。

⑦在当地气温最低时要加强检查,防止冻坏事故发生,尤其是热水系统。

⑧蒸汽管道在正常供汽时,如有"水击"声,应及时检查管道坡度和疏水阀是否正常,发现不正常现象要及时排除。

⑨管路和用户经调试后的阀门开度要做好标记,以便动用后(或有人乱动被发现后)恢复。在系统运行中发现问题应及时调整或修理。隐蔽的管道、阀门及附件要定期检修。当锅炉房因故停止供热时,应视时间的长短,排除系统内的冷水,防止结冻。所有系统上的除污器、过滤器及水封底部等处的污物,要定期清除。

(3)可以给用户制定使用供暖设备的注意事项

①用户不能任意开大或关小阀门。

②用户不允许放水、放气或使用供暖热水。

③不得随便蹬踏、敲打供暖管道和散热器。

④不得在散热器缺水时打开放气阀,防止系统发生倒空现象。

⑤用户发现散热器不热或有滴漏时,要及时报告维修人员。

3. 停运后的维护管理

停运后的维护有双重意义:一是为检修做好准备;二是为来年的供热打好基础。维护主要是检查系统,检查最好在停运后着手进行,检查的主要内容如下。

①停运后,对所有管道要进行仔细的检查,对腐蚀严重的管道,应进行更换;多年运行,而又几次更换的管道,应做水压试验,进行检查。

②停运后,对所有控制件,包括各处阀门以及蒸汽系统的减压阀、疏水阀要进行二级保养,拆下来解体清洗。对确实难拆的,可拆部分零件,进行检查并清洗。

③热水系统停运后,应将系统的水全部放掉,用水清洗,最后用合格的水充满(一定要充满),防止系统内有空气而腐蚀管道。

④清洗完系统,最后要清洗除污器,使除污器经常保持清洁状态。

⑤清洗附件时,要认真仔细,要用煤油浸泡,然后擦拭干净,外部与内部零件最好用黄油或机油封好,外壳部分要刷漆防腐,经常活动的部位,注意更换新的填料和进行油封。

⑥对有不严、失灵等缺陷的控制件,要按规定进行研磨、更换等。

⑦检查并清理膨胀水箱和凝结水箱,必要时擦拭干净,做防腐处理。

4. 供热系统的防垢和防腐措施

(1) 防垢措施

① 加强对水质的监测和锅炉进水的处理,要照章办事,有专职人员管理。
② 要定期排污,包括锅炉的排污和网路的排污,要保持循环水的洁净和清澈。
③ 系统的回水管道要装除污器,除污器要定期排污水,保证污物不进入锅炉。
④ 注意对膨胀水箱、凝结水箱等的检查,及时消除箱内的沉淀和污物。
⑤ 注意检查软化水设备,防止树脂流入锅炉。
⑥ 系统在停运检修期间,网路末端和散热器要放水冲洗或更换系统内的存水。

(2) 防腐措施

① 防止锅炉和网路腐蚀的根本措施是尽量排除水中的气体,特别是要保证除氧器的正常工作。
② 保护金属表面,增强金属的抗腐能力。经常地擦拭、维护保养、除锈、涂油刷漆,保护锅炉和系统的外表面清洁等。
③ 热水系统中,注意经常放气,还可以采取集中放气。
④ 保持水中 pH 值和炉水相对碱度,使金属表面形成稳定的氧化保护层,一般加入适量的磷酸三钠。

三、供热管道的维修

热力管道常出现的问题有:管子破裂(超压胀裂、冻裂),管道腐蚀,管子和接口处的漏水漏气以及管道绝热结构的脱落等。

1. 管道裂缝和腐蚀的修理

在采暖系统运行期间,管子沿焊口裂缝如果不长,可用焊接。如果比较长,可更换焊接一段新的管子,如果此管段不长,又是丝扣连接,可更换整个管段。

在运行时,特别是在干管上发生裂缝,维修比较复杂时,如发现裂缝应尽量泄水降压进行焊接,如不能泄水,对于纵向裂缝可用有弹性的橡胶(如自行车内胎)缠牢并用铁丝固定,对于横向裂缝可用管卡加胶垫固定,如图 2-1 所示。以上是两种应急措施,对带水压作业的情况比较有效,渡过难关后,应按上述停运时的维修方法进行修理。

管道漏水漏气的修理:

根据漏水或漏气的轻重情况,确定修理方法。因局部受腐蚀而渗漏,可用补焊方法修理。水暖管道泄水修理比较困难,或不能停止运行的管道,可以用打卡子的方法进行修理。

一是焊接的部位正好在管子的底部,管子里水无法排净;二是渗漏面位置在地面和墙面,看不到焊接的部位。第一种情况,采取排水措施,可用撬杠把管子撬起垫高,也可用千斤顶把管顶起,使这部分管子暂时升高,使管子水流向底处,待焊完后,再恢复原位。

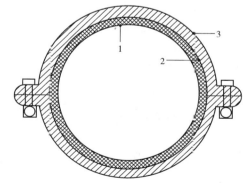

图 2-1 管道裂缝处理示意
1-管道;2-胶垫;3-管卡

第二种情况,可以在管子上开"天窗"用割炬(或角磨)开一个洞,用虹吸方法把水排出,从"天窗"处焊接漏水处,焊完后,再把割开的"天窗"部位焊好。

2. 管子接口处漏水或漏气的修理

管子接口,一般由丝扣、法兰、活接头、长丝连接。

(1)丝口渗漏

一般发生在与支管或立管相接的管箍(内丝)、三通、弯头等处,漏水的原因主要是安装时丝扣的质量不高或腐蚀,也可能是丝扣未拧紧。修理的方法是拆开后根据不同的情况处理,腐蚀严重的管子,要更换。

(2)活接(由任)漏水或漏气的处理

活接(由任)渗漏的原因是由于密封垫糟了或是管道受到撞击密封垫受损。修理时可先紧一下套母,不行则需要更换密封垫,要把原旧垫用旧锯条(或玻璃片、小刀等)清理干净后,换上浸过油的新垫。

3.法兰盘渗漏的修理

装法兰盘时,螺栓紧固得稍松一些,法兰垫容易被管道中的水或蒸汽腐蚀,一旦受到外力作用就容易造成渗漏,方法主要是更换法兰垫,紧固螺栓时要对角紧,紧完后由一个人再检查一遍。

这里要特别强调一点,在采暖系统运行期间如发生法兰盘渗漏现象,运行修理时应考虑到管道的热胀冷缩。由于在修理时多选在管道温度、压力较低时进行,法兰盘之间的缝隙较大,螺栓虽然紧固了,但管道温度升高后法兰盘之间的缝隙较小,螺栓又处于松弛状态,管内压力升高时会发生更为严重的泄漏。正确的方法是在常规修理后,随着系统恢复运行,应进行多次紧固,直到系统完全正常运行。

下面将供热系统管道常出现的故障、原因及排除方法分类列成表格(表2-1、表2-2),供使用时参考。

室外管道运行中常出现的故障及排除方法 表2-1

故障	原因	排除方法
管道破裂	(1)焊接质量不良 (2)冻结胀裂 (3)上下受力不均	(1)补焊或更换管子 (2)修补焊接 (3)修复保温层
管道堵塞	(1)杂质、腐蚀物、水垢沉淀聚集 (2)冻结	(1)定期排污、冲洗 (2)加热解冻

室内管道运行中常出现的故障及排除方法 表2-2

故障	原因	排除方法
管道破裂	(1)焊接质量不良 (2)冻结胀裂 (3)外负荷压坏,撞坏	(1)补焊或更换管子 (2)防冻保温 (3)更换新管
铜管腐蚀	(1)油漆脱落 (2)在潮湿处	(1)定期刷漆 (2)防腐处理
接口漏水	(1)管接口冻裂 (2)外力压坏	(1)更换新管 (2)更换新管
附件漏水	(1)冻结胀坏 (2)填料或密封垫圈损坏 (3)管扣没上紧,或松动 (4)管扣腐蚀 (5)外力作用扣松动	(1)更换 (2)更换垫圈 (3)拧紧管扣 (4)更换管子 (5)紧固

第三章　空调系统的运行管理

空调系统担负着创造和保持舒适的或满足某些特定要求的室内空气环境的重任,如果其运行管理工作做得不好,不仅会造成空调效果不理想,而且会出现能耗大、设备故障多、使用寿命短等问题,从而影响用户的使用和经济效益。要做好这方面的工作,必须了解运行管理工作的科学内涵,从而认识其重要性和基本内容,明确运行管理工作的任务和目的,保证空调系统更加经济合理地运行。

第一节　空调系统运行管理的目的

一、空调系统运行管理的基本内容

一个空调系统在保证使用要求的前提下能否正常运行,主要取决于工程设计质量、施工安装质量、设备制造质量和运行管理质量四个方面的因素,任何一个方面的质量达不到要求都会影响系统的正常运行和空调质量。从运行管理者的角度来看,前三个方面的影响因素是客观存在的,如果它们都符合相应的规范要求,就为运行管理打下了良好的基础。但也可能都存在或部分存在一些问题,这就有可能会给运行管理带来很多麻烦。不管怎样,空调系统的运行管理都要做好运行操作、维护保养、计划检修、事故处理、更新改造、技术培训、技术资料管理七项工作,而运行管理则主要是做好运行操作、维护保养、事故处理和技术资料管理四项工作。

由于中央空调系统的规模和人员配备情况不同,以及物业管理企业性质的不同,上述七项工作不一定全由管理者自己承担,有些可以外包给专业公司去做,如计划检修、更新改造、部分装置的维护保养等。但不论是谁,管理制度化、操作规范化、人员专业化、职能责任化是做好上述七项工作的前提。为此必须有以下四个基本措施作保证。

(1)各项管理内容都要形成相应的规章制度,做到有章可循、有法可依。

(2)各个操作项目都要制定出安全、合理的规程,做到规范、有序的操作。

(3)管理、操作、维修人员都是空调制冷方面的专业人士,或经过严格的专业学习和培训并通过相应考核的技术人员。

(4)专业技术管理人员、班组长和工人分工明确、职责清楚。

总之,只有全面了解运行管理的基本内容,才能深入研究和掌握各个管理环节的规律,以促进运行管理工作,全面提高运行管理质量。

二、空调系统运行管理的目的和任务

空调系统运行管理的目的和任务就是使系统在满足生产要求并达到设计参数的前提下,降低系统的运行成本,延长设备的使用寿命。

1. 满足使用要求

空调系统的运行效果直接体现在能否满足生产、工作和生活要求。对工艺性空调来说,能

否达到设计参数,直接关系到产品的质量能否保证;对写字楼来说,紧张工作的人们需要一个舒适的室内空气环境,如果空调效果满足要求,不但有利于提高其工作效率,而且有利于写字楼的租金收益;对星级酒店来说,入住的客人需要一个舒适的食宿环境,如果空调效果好,客人得到了应有的享受,他将有可能成为酒店的常客;对商业、餐饮、娱乐场所来说,前往消费的顾客希望有一个舒适的购物、饮食、娱乐环境,如果空调效果好,顾客就有可能停留的时间长些、消费多些,这样一来,顾客满意,商家也高兴。由此可见,满足使用要求是空调系统运行管理必须达到的首要目标。

2. 降低运行成本

除人工费外,运行成本主要包括能耗费和维护保养费。目前中国空调系统的冷源绝大部分采用的是电动式制冷机(包括离心式、螺杆式和活塞式),其辅助设备如冷冻水泵、冷却水泵、冷却塔风机、风冷式冷凝器风扇等也均为电动式的。而热源则形式多样:有传统的燃煤锅炉和燃油、燃气锅炉,也有方便快捷的集中供热和电锅炉,还有两用的空气源热泵和直燃式冷热水机组等。不管热源是何种形式,大多数空调系统的主要能耗还是用电。由于建筑类别和地区的不同,空调系统的耗电量约占总耗电量的 18%～35%,单位建筑面积的耗电量约为 35～65W/m²。因此,降低运行成本的首要任务是想方设法减少用电量,同时也要尽量减少其他燃料(如煤、燃气、燃油)的消耗量,以降低能源消耗费用。其次,在维护保养方面也要精打细算,尽量减少相关费用的开支。要通过精心操作、细致维护来延长易损件的使用寿命;通过定期的水质检验和监测情况来决定水质处理的合理用药量;通过少量多次的细心检测来适度加注润滑油等。总之,通过严格、规范的管理来减少日常各种材料的消耗量,以减少相关的费用开支,达到降低运行成本的目的。

3. 延长使用寿命

在配置有空调系统的建筑物的总投资中,一般空调系统的费用要占到总费用的 20% 左右。要使这方面的投资发挥出最大效益,就要保证在其正常的使用年限内起到应有的作用。

我国对各种设备规定的折旧年限中,规定空调设备的折旧年限为 18 年。目前起实施的《中国商品流通企业财务制度》规定制冷设备的折旧年限为 10～15 年;自动化、半自动化控制设备的折旧年限为 8～12 年。而空调系统的使用寿命主要取决于三个主要因素:系统和设备类型;设计、安装、制造质量;操作、保养、检修水平。因此,精确确定整个空调系统的使用寿命比较困难。从设备的使用寿命来看,一般进口主机(制冷机或锅炉)的使用寿命可达 20～25年;国产优质主机的使用寿命可达 15～20 年;在室外露天安装并且全年运行的热泵机组的平均寿命约为 15 年;管道系统、控制系统以及末端装置的使用寿命相对来说都要短些。因此,必须通过合理的使用、规范的操作、科学的保养、精心的维护、及时的检修来充分发挥空调系统的作用,在保证其高效低耗运行的同时,还要减少故障的发生,尽量延长整个系统的使用寿命。这就是空调系统运行管理的长远目标。

第二节 空调系统的启动及操作方法

一、空调系统启动前的准备工作

空调系统在启动之前工作人员应仔细阅读各设备的使用说明书,了解各设备的功能和构造以及使用注意事项,并按国家标准《通风与空调工程施工与验收规范》对整个空调系统进行检查。检查的内容包括以下几点。

（1）电源、控制电源、控制柜、启动柜之间的电气线路及控制电路的检查。确保线路接通，并能正常投入运行。

（2）检查控制系统上的各调节项目、保护项目、延时项目的控制整定值，确保与厂家说明书要求相符合，且动作灵活，正确，能正常投入运行。

（3）清理风道内的一切杂物（如钉子、螺母等），检查管路的密封情况，各阀门调节装置的灵活情况，检查控制设备、控制装置的紧固程度。

（4）喷水段内的喷嘴、溢流管、排水管、水过滤网等不得堵塞，挡水板、分水板不得松动，保持水槽存有一定的水位。

（5）风机应检查电路是否正确，是否接地，风机叶轮转动是否灵活，是否有碰、刮噪声，减振器螺栓是否松动，软连接是否完好。

（6）过滤段安装滤料时是否有破损处，机壳是否干净。

（7）表冷器翅片是否完好，对碰歪的翅片应予扶正。

机组正式运行之前，应先对风机和水泵分别进行试运转。注意观察启动电流的数值，启动电流不能太大；风机和水泵运转时不能有异常的声音和强烈的振动；轴承最高温度不能超过75℃，电机温度不能超过60℃；风机水泵的旋转方向应与机壳上所示方向一致，转速是否达到设计要求；对水泵还应观察压力表的指示值是否正常。试运转时间为2h，具体可参见《机械设备安装和验收规范》。冷却水、冷冻水的断水切换继电器的动作实验、冷却水和冷冻水的温度过低的动作实验、高压切换的动作实验、油压降低的动作实验都应进行完毕。

二、空调系统的启动

对于较大的空调站，可能空调系统设备较多，在启动时应采用就地、空负荷顺序启动方式，尽量避免遥控启动和带负荷启动及多台同时启动方式，防止由于启动瞬间启动电流过大，使电网电压降过大，控制回路或主回路熔断器熔断。对于采用遥控和就地启动两种调节方式的系统，强调就地启动主要是为了防止在启动过程中可能造成的设备事故（如传动皮带的脱落或断开、风机振动过大、制冷机组的排气压力过高及吸气压力过低或过高、油压过低所造成的其他问题）而不能被及时发现。对于空调机房，设备十分分散，如果在真正确认不会出现其他问题时，也可考虑采用遥控启动方式。启动步骤如下。

（1）打开各调节风阀，水路控制阀门。

（2）启动风机，直到转速达到额定转速。

（3）启动水泵及喷水系统的其他设备。

（4）电加热器通电。

（5）表冷器内通冷冻水（在此之前制冷系统已开启），加热器内通热源。

空调系统在完成启动后即投入运行。运行中首要的问题是对运行参数的调节。一般在具有自动调节的空调系统运行调节中，首先应采用手动调节方式，待运行参数接近要求值时，方可转为自动调节方式。

三、空调系统在运行过程中应检查的内容

（1）动力设备的运行情况。风机、水泵、电动机的运转声音是否正常，振动是否过大，温度是否过高，负荷电流是否过大。

(2) 喷水室、加热器、表冷器、蒸汽加湿器等设备的运行情况。喷水室喷嘴是否有堵塞,喷水是否正常,加热器、表冷器表面是否清洁,加湿器工作是否正常。

(3) 空气过滤装置(初效、中效、高效过滤器)的使用情况。

(4) 冷冻水的供应情况及热源的供应情况是否正常。

(5) 空调系统的管路及风道是否有泄漏现象,对于单风机空调系统尤其应注意处于负压的吸入段空气处理部分是否有漏风现象。

(6) 表冷器的凝结水排出是否通畅。

(7) 控制系统中各有关调节器、执行调节机构是否有异常现象。

(8) 制冷系统运行是否正常。

(9) 空调系统采用的运行调节方案是否合理。

四、空调系统的停机

1. 正常停机

空调系统的停机与启动顺序相反,在停止空调系统运行之前应首先停止制冷系统的运行,停止冷冻水和热源的供应。然后,关闭空调系统中的送风机、回风机、排风机。根据空调房间对压力的要求,风机停机顺序有所不同,如空调房间要求正压,则先停排风机,再停回风机,最后停送风机;如空调房间要求负压,则先停送风机,再停回风机,最后停排风机。之后关闭系统中有关阀门(如风机负荷阀、新风阀、回风阀、一、二次回风阀,排风阀,加热调节阀,加湿调节阀,冷冻水阀等)。最后将系统电源切断。

2. 事故停机

由于一些突发事件,如供电系统发生故障造成突然停电,设备、控制系统发生故障(如管道断裂,电动机故障等),因而不能按正常的停机程序进行停机操作,必须按紧急停机处理。

(1) 由于供电系统发生故障的停机空调系统在运行中,如果突然发生停电,首先必须迅速切断冷热源的供应(尤其对于采用蒸汽为热媒的空气加热器和喷蒸汽加湿的空调系统,更应如此,以防止由于风机停运,加湿调节阀处于开启状态,喷蒸汽加湿系统仍在工作而造成房间过湿),之后则应断开电源开关。待恢复供电后再按正常停机程序处理,并检查系统中有关设备及控制系统,确定无异常后方可启动运行。

(2) 设备故障停机。如果空调系统在运行中突然发生设备事故,也必须采取紧急停机措施。空调系统在运行中,如果由于风机、风机所配电动机发生故障,或由于气、水、空气加热器,表面式冷却器以及冷、热输送管道突然发生破裂而产生大量气、水外漏,或由于控制系统调节器、调节执行机构(如喷蒸汽加湿调节阀、加热调节阀、表面冷却器的水量调节阀,突然发生故障,不能关闭或关闭不严或无法打开时,使系统无法正常工作或危及运行及空调房间的安全时,则必须立即停机进行处理。停机时必须首先切断冷、热源的供应,之后按正常停车程序进行。

如果在运行中空调系统发出火灾报警信号,运行人员必须保持头脑清醒,迅速判断发生火情的部位,立即停止有关风机运行,同时关闭送、回风系统中所有防烟防火阀。并向有关单位报警,采取相应措施,积极投入到扑火灭火中来。为防止事故的扩大,在扑火灭火同时应对系统进行全面停机处理。

第三节 空调系统常见故障分析及排除

一、空调系统送风温度过低

首先要查找作为二次加热的蒸汽加热器工作是否正常,因为二次加热器用于调节系统的送风温度,对室内的温度稳定起着非常重要的作用。在查找二次蒸汽加热器是否有问题时,首先要看蒸汽管路上的有关阀门是不是没打开,造成温度过低。空调系统中配置的蒸汽加热器工作原理如图 3-1 所示。在空调运行中,如果从控制仪表的阀位指示中看到加热器电动两通调节阀 3 处于最大开度,但送风温度仍然较低,达不到空调房间内温度要求标准,就可以判断是系统发生故障。由图 3-1 所示,在空调系统正常运行时,处于供汽管路和回水管路中的阀门 1、2、4、6、8 应处于开启状态,阀门 5、7、9 应处于关闭状态。

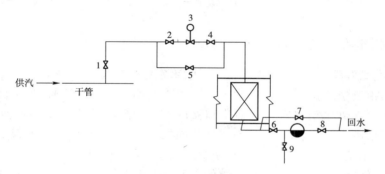

图 3-1 蒸汽加热系统原理

空调系统在运行中,阀门 3 在打开后,送风温度仍然达不到设计要求,如果此时供汽是正常的,则在供汽管路和回水管路中肯定有的阀门没有打开,蒸汽无法进加热器内和空气进行热交换所致。这时就要对管路中所有阀门的开关状态进行检查。查找的方法是:从阀门 1 开始向后逐个检查。在正常工作的情况下,阀门 1 之前的管路肯定发烫,阀门本身也是发烫的,因为导热所致,这时检查阀门后段的管路是不是发烫,如果发烫就说明阀门是开启的,如不烫就说明阀门没打开。打开阀门后按顺序向后检查,直至确认 2、4、6、8 号阀门是打开的,则加热就可以投入到正常的工作中。如果上述管路处于正常开启和关闭状态,供汽也正常,加热器仍不能正常工作,就要检查回水管路中的疏水器工作是否正常。先打开阀门 9,这时就应该有凝结水淌出来;打开阀门 7、8,则阀门 7、8 以后的管路应发烫,加热器的出风温度提高;关闭阀门 9 或 7 后,加热器的出风温度又降低,这就说明疏水器已经被污物堵塞或者疏水器已经损坏,应立即进行修理。如果需要在运行中修理,可以关闭阀门 6 和 8,打开阀门 7 即可。检查凝结水是否有倒灌现象。蒸汽加热器一般都采用真空回水方式,当加热器的供汽量减少时,加热器内就会形成真空。如果真空度高于回水系统的真空度时,回水管中的凝结水就可能产生倒灌,又回到加热器内占据了加热器的内腔空间。有效空间的减少,造成加热器上下温差过大,使加热器的出风温度达不到要求,影响整个系统的运行。解决这个问题的办法是,在阀门 7 之前或之后的管路上加一个止回阀就可以了。

还有几种原因同样会影响系统温度的均衡。一是空调系统漏风过大,在长期使用过程中,没能及时对换热器冷、热媒引入、引出,也没有对管道穿墙处的洞口进行及时修补、密封;空调检查门处密封条的密封性检查不及时而发生封条老化、脱落情况；还有管路的老化、破损都会影响送风量的正常输出。所以在空调机组正常运行中应定期对以上的部位检查，发现问题要及时处理。二是处于供冷（热）水干管的末端形成气塞而使换热器无法正常工作。图3-2为换热器处于供水干管的末端，由于供、回水干管在的始端有可能处于水系统的最高点，在间隔运行的系统中，或系统停运一段时间再次开始供水时，如不及时对供水干管的末端和回水干管的始端进行排气，就容易造成两端部的气塞现象。由于端部中充满了空气，阻止了水的流动，使冷热水无法通过管路进入换热器内与空气进行热量的交换而达到调节空气的目的。所以，要经常进行排气工作，防止气塞现象的发生，如有条件可以把排气管路上的手动排气阀换成自动排气阀，随时可以排气，这样效果就更好了，可以保证系统的正常工作。

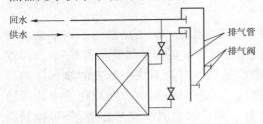

图3-2 处于供冷（热）水干管末端的空气换热器

二、空调机组在运行房间温度不达标

空调系统在高湿季节中运行时，无论采用喷水室空气处理方式或采用水冷式表面冷却器处理空气方式，由于室外新风的补入，增加了处理空气的耗冷量。同时，为了保证运行中系统露点的稳定，就要求供给喷水室或表面冷却器的冷水温度要比系统机器露点的干球温度低3.5℃。如果所供冷水温度要求过高，空气处理的机器露点也同时增高，就起不到冷却干燥的处理要求。因为系统露点的增高，肯定会使房间内相对湿度失调。

从送风口处结露这一现象来观察室内的湿度是否正常是不正确的。一些单位的空调系统在夏季运行中有时会产生送风口结露，人们就会产生这种想法，房间内的湿度太大了，都结成水滴了。但是经过考查，专业人员使用通风干湿球温度计对房间温、湿度测量发现，室内的温、湿度都符合要求。认真分析后提出的结论是空调系统的送风温差过大，送风温度过低造成的。通过减小送风温差，提高送风温度，使送风温度高于房间内空气的露点温度，加大系统的送风量，从而解决了送风口结露这一问题。

还有一种因保温层做得不好，表面产生结露现象。有一些大的空调厂房在冬季出现屋面结露，水珠落在机器设备上造成锈蚀。解决这个问题不能简单地加厚保温层，因为厂房的高度和空间相对较大，白天生产时室内温度保持较好，到了夜间供热量减少后，车间内温度下降的幅度较大，冷热气流作用而产生结露。只有在加厚保温层的同时增加供热量，同时增加空调系统的运行时间，缩小昼夜室内温差，这一现象才会得到控制。

三、洁净空调系统常见故障与排除方法

洁净空调系统是在科学技术飞速发展中应运而生的，洁净技术的发展和洁净室的建立，对在国民经济发展中起到重要作用的航天、电子、化工、精密仪器制造以及半导体器件、制药业等提高质量等级发挥了极大的作用。洁净空调系统与普通空调系统的区别在于保证正常温度、湿度的情况下，同时要保证空气的洁净度。洁净空调系统就是为全封闭房间提供无尘环境，达到生产者所要求的标准。

洁净空调系统比普通空调系统多了套空气过滤设备，循环集中式空调系统如图3-3所示，两级高效过滤器的集中式净化空调系统如图3-4所示。

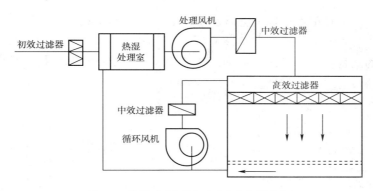

图 3-3 带循环系统的集中式净化空调系统

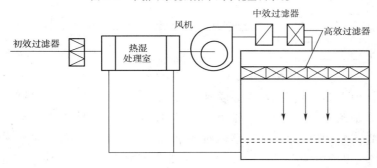

图 3-4 两级高效过滤器的集中式净化空调系统

循环式净化空调系统可以在保证洁净室换气次数的前提下,减少湿、热空气量,因而减少了运行成本,一般大多用于单向洁净室的净化空调系统中。它由两台风机和四组过滤器组成,两级高效过滤器空调系统比它少了一个风机,少了一个中效过滤器,多了一个高效过滤器。它们的共同点都是用多级过滤器来保证房间内的空气等级达到要求标准。

洁净空调系统容易发生故障的地方就是过滤器。当用仪器检测发现空气中的悬浮物超过规定标准时,就应检查空气过滤器的滤网是否有漏洞或是脏物堵塞。如发现有堵塞现象应及时清理或按周期要求进行更换。在更换过滤器时应按照初效过滤器、中效过滤器、高效过滤器的顺序进行,这样就可以减少更换过程中进入洁净室中的灰尘量。

在更换完过滤器后,应对所有的送风管和安装末端过滤器的框架、室内的屋面墙壁进行除尘,这样才能把附在这些地方表面的灰尘全部清除掉,并要对各裸露的框架进行擦洗(擦洗用的布要求不掉纤维)。最后一项是认真检查过滤器安装框架间的充填物和密封胶条有无空隙,如发现有裂缝应及时修补好。

空气过滤器的更换周期应根据使用的情况和具体条件来确定(如当地的环境、气象条件),环境不同,更换的周期就不同,还要由新风处理量的大小、系统运行时间长短来决定。新风过滤器(也称初效过滤器)和中效过滤器的更换,可以在空气阻力为初阻力值的 2 倍时进行更换。末端过滤器(一般为亚高效、高效、超高效过滤器)应按国家标准《洁净厂房设计规范》GB 50073—2001 中的规定:气流速度降低到最低限度,即使更换完初、中效过滤器后,气流速度仍不能增大;高效空气过滤器的阻力达到初阻力的 2 倍,在上述情况之下就应更换空气过滤器。对于新更换的过滤器要先进行检漏试验,合格后方可使用。

四、柜式空调器常见故障与排除方法

柜式空调在日常生活中主要用于小型商场、饭店、会议室、图书馆、仓库等几十至上百平方

米的场所。柜式空调填补了中央集中空调系统和窗式空调之间的空白点,它具有移动、维修方便,节约能耗的特点。

柜式空调器的结构主要由三部分组成:室内机组、室外机组和连接部分,如图3-5所示。

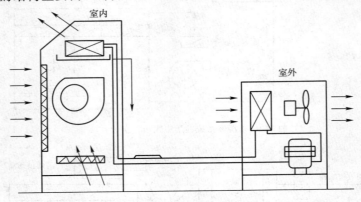

图3-5 分体式柜式空调器的组成示意

室内机组箱体内主要有蒸发器、离心风机、空气过滤网、节流组件、风机的电动机、电加热器、电器控制部分、集水盘、排水管等。作用是将室内的热空气经回风口吸入机内,经过制冷系统冷却降温后再送入室内,以达到维持室内所要求的温度和湿度。在空调器箱体的前方面板上设调节进风栅条,栅条内装有过滤网,用来滤除进入空调器内空气中的尘粒污物,出风口设导向栅条,冷风或热风则由此吹向室内。空气中的凝结水经由集水管和排水管排至室外。

室外机组室外机组由全封闭或半封闭式的制冷压缩机、冷凝器、轴流风机、电动机电器控制部分组成。在箱体上有进出风口,使冷凝器中散发出的热量能及时地被风机吹出机外。在不完全分体式空调器中,制冷压缩机在室内机中。

连接部分有连接液体管、气体管、螺栓、连接电线、隔热材料等。

柜式空调器(风冷式)常见的故障、原因和排除方法如下。

1.空调器不运转,风机、压缩机均不工作

首先检查电源部分,如果电路及开关电容等均正常,再看风扇电容器是否击穿,压缩机是否卡住,温控器是否正常,以上各项顺序检查,发现问题维修、更换就可恢复正常。

2.空调器启动后不能连续运转

1)制冷系统

(1)制冷剂不足或过量引起压力不正常,压力继电器动作:需按规定加注制冷剂。

(2)制冷系统内混入空气,压力增加:应排除空气。

2)室外机组

(1)冷凝器积灰太厚:应清除。

(2)通风不良:需清除风口障碍物。

(3)风扇卡住:需修复或更换。

(4)风扇电机烧毁:需更换。

3)开关及继电器

(1)压力开关继电器失灵:需检查后更换。

(2)启动继电器失灵:需更换。

(3)热保护继电器动作:应分析原因后修复。

3.空调器运转但制冷量不足

1)制冷系统

(1)制冷剂不足或泄漏:需检查漏点加足制冷剂。

(2)制冷剂过多:应排放多余制冷剂。

(3)系统堵塞:需清洗各管路。

2)压缩机检查发现磨损超限

应更换新压缩机。

3)冷凝器效率降低

应清除沉积灰尘,改善通风条件。

4)膨胀阀开度太小

需开大流量。

5)热负荷问题

(1)室内人员太多:需减少人员。

(2)开门次数过多:需减少开门次数。

(3)不挂窗帘:需加挂双层窗帘,防止太阳直射。

(4)温度调节:温度调节给定值太高,应把温度调低。

(5)空气过滤器:积灰太多堵塞,需清洗或更换。

4.空调器运转噪声较大

1)压缩机

(1)液击:检查制冷剂充注量是否过大,进气温度是否太低,风量是否不足。

(2)阀片破碎:需更换阀片。

(3)有异物(运输卡夹):应去掉异物。

2)风扇

(1)叶片破碎:应更换风扇。

(2)混入异物:需清除。

3)接触器

接触器触点凸凹不平:应用细砂纸打磨光滑平整。

4)就位与安装

(1)螺钉松动或脱落:需紧固上缺失螺钉。

(2)地角不稳:应找好水平面重新安装。

5.制冷量不足

1)接水盘

(1)积灰太多:应清洗接水盘。

(2)排水管堵塞:需疏通排水孔。

2)排水盘

排水盘堵塞:应疏通或更换。

3)热水四通阀

热泵四通阀损坏:需更换四通阀。

4)电加热器

(1)电热丝烧毁:需更换电热丝。

(2)开关损坏:需更换开关。

五、房间空调器常见故障与排除方法

在国民经济飞速发展的今天,人民生活水平不断提高,对空调的需要量越来越大。由于房间空调的种类繁多,科技含量不断增加,给空调器的使用者创造了越来越舒适的环境。

1.房间空调器主要组成部分

(1)制冷系统承担房间的降温和除湿任务,由压缩机、冷凝器、毛细管、蒸发器、电磁换向阀、过滤器和制冷剂等组成了一个密封的制冷系统。

(2)风路系统是空调器内促使空调房间内空气流动和热交换的部分,由离心风机、轴流风机等设备组成。

(3)电器系统是空调器内促使压缩机、风机安全运行和温控部分,由电动机、温控器、继电器、电容器、加热器等组成。

(4)箱体与面板是空调器的框架,各组成部件的支撑座和气流的导向部分,由箱体、面板和百叶栅组成。

2.窗式空调器的主要故障分析

窗式空调器的组成如图3-6所示。

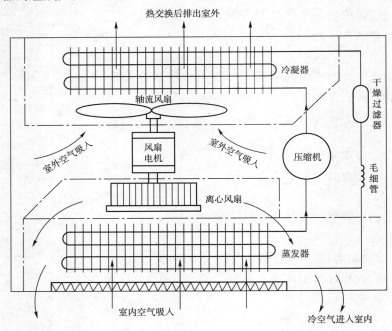

图3-6 窗式空调器的组成

1)电路方面

(1)空调器不能启动。

(2)风扇运转但压缩机不运转。

(3)压缩机不启动。

(4)制冷过度,压缩机不停。

以上几方面故障首先检查电压是否过低,电容器是否工作,启动继电器是否触点粘连,温控器按钮是否正常,温度调节器是否失灵,电源线路中是否有接触不良、脱焊、插片松动等。逐项检查,发现故障维修或更换。

2)机械方面

(1)空调器振动、噪声较大。主要原因是安装不稳,应加防振垫;排气管或吸气管碰撞,在两管之间加防振垫或橡胶圈;风扇叶弯曲或松动脱落,更换叶片或坚固螺钉,压缩机安装不好,在压缩机下加装防振垫或橡胶圈。

(2)压缩机不启动,有压缩机损坏和压缩机电机损坏两种机械原因。

3)其他日常维修保养方面

空调器运转但室温仍偏高,应检查是否过滤器堵塞风量减小,并及时清洁空气过滤器;制冷剂是否正常;蒸发器是否积灰过多堵塞;冷凝器是否积灰过多通风不良;风扇皮带是否松弛打滑;还要检查排水管是否堵塞、泄漏。

3. 分体式空调器常见的故障与排除方法

分体式空气调节器主要由两部分组成:室内机组和室外机组。室内部分主要由蒸发器和离心送风机组成,室外机组由制冷压缩机、冷凝器和轴流风机组成。由于室内机组安装位置的不同,分为吊顶式、壁挂式、立柜式、嵌入式和台式等。

分体式空调器常见的故障与排除方法如下。

1)空调器不运转

(1)检查电路系统是否有问题,如插座、开关、保险丝、启动电容器、启动机电器、保护器触点是否处于断开位置,室外风机风扇电机、压缩机是否有故障。

(2)压缩机机械发生故障。

以上逐项排查,维修处理。

2)空调器运转但制冷(或制热)效果差

(1)制冷剂不足。

(2)管路泄漏。

(3)低压压力偏低,高压压力偏高,系统运行不正常。

(4)室外机组空气过滤器堵塞,低压管路堵塞。

(5)压缩机能力差,效率降低。

以上各项检查、补充、清洗或更换。

3)室外风机运转但不制冷

(1)压缩机电机烧毁。

(2)压缩机机械故障。

(3)部分连线故障。

4)压缩机运转但室外风机不运转

(1)室外风机熔丝熔断,机组配线错误,风机连线处松动。

(2)室外风机电机烧毁。需检查更换。

5)空调器及压缩机运转异常

(1)室内风机叶轮松动或损坏。

(2)室外风机叶轮与机壳碰撞。

(3)空调器上或内部有异物。

(4)压缩机安装组合不好引起振动。

(5)发生液击现象。

(6)压缩机内部磨损。

需紧固、清除、修理。

6)室外机组运转但室内风机不运转

(1)室内机组风机电机烧毁。

(2)室内外机组配线有误。

(3)室内机组电源变压器烧毁。

(4)室内风扇保险熔断。需修理、更换。

7)空调器开机后又马上停机

(1)高压偏高,高压继电器动作。

(2)低压偏低,低压继电器动作。

(3)过热保护器动作。

(4)电源电压有波动。

4. 热泵型空调器功能及常见故障排除方法

热泵型空调器又称冷热两用型空调器,这种空调器在夏天运行时,将转换开关置于制冷挡,就可以实现制冷降温运行;在冬天,将转换开关置于制热挡,就可以实现制热取暖运行。热泵型空调器与其他单冷空调器的不同之处在于制冷系统中增设了一个四通换向阀。改变四通换向阀位置,制冷系统中的制冷剂将改变其流向,系统中的蒸发器和冷凝器的功能将发生改变,以达到制冷或制热的目的,如图3-7所示。

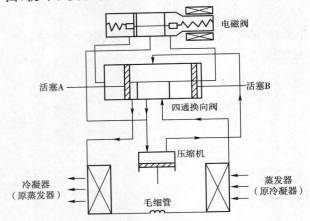

图3-7 热泵型空调器制热工作原理

热泵空调器的常见故障如下。

1)压缩机运转,但不制冷

(1)制冷剂不足。

(2)四通换向阀有故障。

(3)空气过滤器积灰较厚。

(4)制冷系统内发生堵塞。

(5)制冷系统内有空气。

解决方法:补充制冷剂,更换四通阀,清洗过滤器,排除堵塞和系统内的空气。

2)压缩机运转,但不制热

(1)制冷剂不足。

(2)电磁四通阀不能进行正常的冷热切换。

(3)压缩机阀片破损。

(4)除霜控制器故障。

解决方法:补足制冷剂,更换损坏部分。

3)电磁四通阀故障

(1)电磁线圈烧毁。

(2)四通阀损坏。

解决方法:更换部件。

4)化霜运转后,室外盘管上不化霜

(1)制冷剂不足。
(2)除霜控制器调整不当或控制器、定时器故障。
(3)除霜控制器感温组件接触不良。
(4)室外盘管积灰过多或室外风扇打滑:检漏、补充、清除、更换。
(5)除霜运转不会停止:
①压缩机故障或制冷剂不足;
②除霜控制器失调或损坏;
③电磁四通换向阀故障。
解决方法:更换或修复压缩机或补充制冷剂,更换四通阀,调整或更换除霜控制器。

第四节　空调设备维护管理

空调系统和设备自身良好的工作状态是在安全经济运行的同时延长使用寿命,并能够保证供冷(热)质量,而有针对性地做好各项维护保养工作也是空调系统和设备保持良好工作状态的重要条件之一。维护保养工作是一项预防性的工作,应经常有计划地进行。维护保养的主要内容就是对机器设备进行必要的加油、清洗,易损材料与零件的更换以及对设备的紧固、调整、小修小补等工作,如这些维护保养工作做得不好,往往会造成空调系统和设备运行不正常或经常出现故障,使机器和设备使用寿命缩短或影响机器设备的正常使用。

一、风道系统维护与保养

空调风管绝大多数是用镀锌钢板制作的,不需要刷防锈漆,比较经久耐用。在运行过程中应保证管道的密封性,绝不漏风,重点是法兰接头和风机、风柜等与风管的软接头处以及风阀转轴处。除了空气处理机组外接的新风吸入管通常用裸管外,送、回风管都要进行保温。这就要求管道的保温层、表面防潮层及保护层无破损和脱落,特别要注意吊、支架接触的部位,对使用粘胶带封闭防潮层接缝的,要注意粘胶带无胀裂、开胶的现象。应定期清理管道内部的积尘,以保证管道内部的清洁,从而保证送风质量。保温管道风阀的调节手柄处不应结露。

要保证风口的清洁和紧固,叶片不应有积尘及松动。根据使用情况,送风口应三个月左右拆下来清洁一次,回风口和新风口则可以结合过滤网的清洁周期一起清洁。对于可调型风口,在根据空调或送风要求调节后要能保证调后的位置不变,转动部件与风管的结合处不应漏风。对于风口的可调叶片或叶片调节零部件(如百叶风口的拉杆、散流器的丝杆等),应松紧适度,既能转动又不松动。金属送风口在夏季运行时要特别注意,不应有凝结水产生。管道上的各种调节阀在使用一段时间后,会出现松动、变形、移位、动作不灵、关闭不严等问题,不仅会影响风量的控制和空调效果,还会产生噪声。因此,日常的维护保养除了要做好风阀的清洁与润滑工作以外,重点是要保证各种阀门能根据运行调节的要求,变动灵活;定位准确、稳固;开、关到位;阀板或叶片与阀体无碰撞,不会卡死;拉杆或手柄的转轴与风管结合处应严密不漏风;电动或气动调节的范围和指示角度应与阀门开启角度一致。

二、空调机组维护与保养

空调机组的维护保养一般可分为日常、月度、年度三个部分来进行。

1. 日常维护保养

应定时检查电流、电压是否正常;高低压控制器的设定值是否合适;温控器的设定值与动作是否一致;机体是否有漏风或结露的地方;水冷式冷凝器冷却水进出口水温是否正常;冷却水流量是否正常;进出水管路上的阀门和软接头是否漏、滴水;如为风冷式冷凝器,则翅片上是否积尘,散热气流是否良好;调节阀调定位置是否有变,有无噪声产生;风道软连接处是否破损漏风;积水盘的排水是否畅通,水封是否起作用。

2. 月度维护保养

机组的各紧固件是否松动;是否有绝热或吸音材料脱落;蒸发器外表面翅片是否积尘;压缩机壳体温度是否过高;过滤网杂物是否过多需要清洁;风机皮带松紧度是否合适,一般一个月需检查调整一次;接水盘中是否有污物和水积存;排水是否通畅。

3. 年度维护保养

机体外壳是否锈蚀;机体外壳需进行彻底清洁;水冷式冷凝器应一年清理一次管内水垢;蒸发器翅片应一年清理一次积尘;检查制冷剂是否有泄漏;继电器与保护器接触是否完好,动作是否灵敏,调定值是否准确;各种控制器的动作是否正常;风机的轴承应一年加一次润滑油,以保证机器的正常运转。

三、风机盘管维护保养

风机盘管通常直接安装在空调房间内,其工作状态和工作质量不仅影响到室内的空调效果,而且影响到室内的噪声水平和空气质量。风机盘管的维护保养主要针对以下几个方面。

1. 空气过滤网

空气过滤网是将室内的循环风进行净化的重要部件,一般采用化纤材料制造成过滤网或多层金属板。由于风机盘管安装位置、工作时间的长短和使用的条件不同,所需清洁的周期与清洁的方式也不同。如连续使用,应一个月清洁一次,否则可视使用时间和积尘多少定期进行清洁。如果清洁工作不及时,过滤网的孔眼堵塞严重时,就会使风机盘管的送风量大大减少,向房间的供冷(热)量也就相应降低,从而达不到空调所要求的室内温度控制质量。一般可采用吸尘器吸尘,该方法的最大优点是清洁时不用拆卸过滤网,方便、快捷、工作量小。对那些不容易吸干净的湿、重、黏的粉尘,则要拆下过滤网用清水加压冲洗或刷洗,如还不行则可用药水刷洗。

2. 凝结水盘

夏季运行时,风机盘管在对空气进行降温的同时除湿,所产生的凝结水会滴落在凝结水盘(又叫滴水盘或集水盘)中。由于风机盘管的空气过滤器一般为粗效过滤器,一些细小的粉尘会穿过过滤器孔眼而附着在盘管表面,凝结水在盘管表面向下流动时就会将这些灰尘带到凝结水盘中,所以凝结水盘必须定期进行清洗。否则,沉积的灰尘过多,一是使凝结水盘的容水量减小;二是堵塞排水管口,在凝结水产生量较大时,由于排出不及时造成凝结水不落在滴水盘中而溢出损坏房间天花板的事故;三是会成为细菌甚至蚊蝇的滋生地,对所在房间人员的健康构成危害。

滴水盘一般情况下一年清洗两次,如果是季节性使用的空调,则应在空调使用结束后进行清洗。一般可采用水冲刷的方式,污水由排水管排出即可,也可以对清洁干净了的滴水盘再用消毒水刷洗一遍,以消毒杀菌。

3. 风机盘管

由于风机盘管一般配备的均为粗效过滤器,孔眼较大,难免有灰尘穿过过滤器而附着在盘管表面及风机的叶片上。如附着在盘管表面,会使盘管中冷热水与盘管外流过的空气之间的热交换量减少,使盘管的换热效能无法充分发挥出来;如果附着灰尘过多,甚至将肋片间的部分空气通道都堵塞的话,则同时还会减少风机盘管的送风量,使空调性能降低;如附着在风机的叶片上,会使风机叶片的性能发生变化,而且质量增大,风机的送风量就会明显下降,电耗增加,噪声加大,使风机盘管的总体性能变差。

清洁的方法可参照空气过滤器的清洁方式进行,但清洁的周期可以延长,一般一年清洁一次。如果是季节性使用的空调,则应在空调使用结束后清洁。

第四章　风机、水泵和冷却塔的运行管理

风机和水泵是中央空调系统中使用量最多的流体输送机械，由于其数量多、分布广、耗能大，因此，精心做好风机和水泵的运行管理工作尤其显得意义重大。

冷却塔长期在室外条件下运行，加强其运行管理不仅可以提高冷却塔的热湿交换效果，而且对实现冷却塔节电、节水的经济运行和延长其使用寿命有重要意义。

第一节　风机运行管理

在中央空调系统各组成设备中用到的风机主要是离心式通风机（简称离心风机）和轴流式通风机（简称轴流风机，俗称风扇）。通常空气热湿处理设备（如柜式风机盘管、组合式空调机组、单元式空调机以及小型风机盘管）采用的都是离心风机。由于使用要求和布置形式的不同，各设备所采用的离心风机还有单进风和双进风、一个电动机带一个风机或两个风机之分。轴流风机主要是在冷却塔和风冷型单元式空调机的风冷冷凝器中使用，其叶片角度并不是所有型号都能随意改变的，一般小型轴流风机的叶片角度是固定不变的。离心风机和轴流风机虽然工作原理不同，构造也大相径庭，但其性能参数，即流量、全压、轴功率、转速之间的关系却是一样的，而且在空调设备及其附属装置中使用时都是由电动机驱动，并且绝大多数是直联或由皮带传动。由于离心风机在中央空调系统中的使用多于轴流风机，因此，本节内容以离心风机为主进行讨论，轴流风机可做参考，并结合参阅冷却塔运行管理部分的相关内容。

一、风机运行检查与维护保养

风机的检查分为停机检查和运行检查，检查时风机的状态不同，检查内容也不同。风机的维护保养工作则是在停机期间进行。

1. 停机检查及维护保养

风机的停机或不使用可分为日常停机（如白天使用，夜晚停机）或季节性停机（如每年4至11月份使用，12至次年3月份停机）。从维护保养的角度出发，停机期间主要应在以下几方面做好检查和维护保养工作。

(1)皮带：对于连续运行的带传动风机，其皮带的松紧度必须定期（一般为一个月）停机检查调整一次；对于间歇运行（如一般写字楼的中央空调系统，每天运行10h左右）的风机，则在停机不用期间进行检查调整工作，一般也是每个月做一次。

(2)各连接螺栓螺母：在做上述皮带松紧度检查时，同时进行风机与基础或机架、风机与电动机，以及风机自身各部分（主要是外部）连接螺栓螺母是否松动的检查紧固工作。

(3)减振装置。检查减振装置是否完好，各减振装置是否受力均匀，压缩或拉伸的距离是否都在允许范围内，有问题要及时调整和更换。

(4)轴承。风机如果常年运行，轴承的润滑脂应半年左右更换一次；如果只是季节性使用，则每年更换一次。

2. 运行检查

风机有些问题和故障只有在运行时才会反映出来,风机工作且其转轴在转并不表示它的一切工作正常,需要通过运行管理人员的"摸"、"看"、"听"及借助其他技术手段去及时发现风机运行中是否存在问题和故障。因此,运行检查工作是一项不能忽视的重要工作,其主要检查内容包括有无电动机温升情况,有无异味产生,轴承润滑和温升情况(不能超过60℃)、运转声音和振动情况、转速情况、软接头情况是否完好等。

如果发现上述情况有异常,可以参考相关内容进行及时处理,避免产生事故,造成损失。

二、风机运行调节

风机的运行调节主要是改变其输出的空气流量,以满足相应的变风量要求。调节方式可以分为两大类:一类是改变转速的变速调节,一类是转速不变的恒速调节。

1. 风机变速风量调节

风机变速风量调节实质上是改变风机性能曲线的调节方法,调节方法有很多,但常用的主要是改变电动机转速和改变风机与电动机间的传动关系。

在改变电动机转速的调节方法中,按效率高低顺序排列常用的电动机调速方法有:

(1)变极对数调速;

(2)变频调速、串级调速、无换向器电动机调速;

(3)转子串电阻调速、转子调波调速、调压调速、涡流(感应)制动器调速。

在改变风机与电动机间的传动关系的调节方法中,调节风机与电动机间的传动机构,即改变传动比,也可以达到风机变速的目的。常用的方法有:

(1)更换皮带轮;

(2)调节齿轮变速器;

(3)调节液力耦合器。

(1)和(2)两种调节方法显然是不能连续进行的,需要停机,其中更换皮带轮调节风量更复杂,需要做传动部件的拆装工作。液力耦合器虽然可以根据需要随时进行风量的调节,但作为一个专门的调节装置,需要投入专项资金另外配置。由于在中央空调系统中使用的风机一般都是随机配置在柜式风机盘管、组合式空调机组、单元式空调机、冷却塔等设备中的,因此,是否能进行风量调节取决于这些设备制造厂家是否在设备上配置了有关调节装置。在上述设备中,风机调速用得较多的主要是风机盘管。对于运行管理者来说,对没有风量调节装置的设备进行改造难度是很大的,涉及设计选型、施工安装、资金投入等技术和经济诸多方面的问题。大量使用情况表明,配备风机的空调设备在使用期内一般都有部分时间可以在低于额定风量的情况下运行,如果不正视这样一种普遍存在的情况,不相应地调低风量,则既不利于空调系统的整体节能降耗,也不利于这些设备安全经济地使用。因此,为了适应空调及辅助设备变风量运行的要求,节约能源,降低运行费用,根本的解决办法是由设备制造厂家开发、生产能进行风量调节的同类系列产品供市场选用,这是各类配置风机空调设备的一个发展趋势。

2. 风机恒速风量调节

风机恒速风量调节即保持风机转速不变的风量调节方式,其主要方法有改变叶片角度和调节进口导流器两种。

(1)改变叶片角度

改变叶片角度是只适用于轴流风机的定转速风量调节方法。通过改变叶片的安装角度,使风机的性能曲线发生变化,这种变化与改变转速的变化特性很相似。由于叶片角度通常只能在停机时才能进行调节,调节起来很麻烦,而且为了保持风机效率不致太低,这个角度的调节范围较小,再加上小型轴流风机的叶片一般都是固定的,因此,该调节方法的使用受到很大限制。

(2)调节进口导流器

调节进口导流器是通过改变安装在风机进风口的导流器叶片角度,使进入叶轮的气流方向发生变化,从而使风机性能曲线发生改变的定转速风量调节方法。导流器调节主要用于轴流风机,并且可以进行不停机的无级调节。从节省功率情况来看,虽然不如变速调节,但比阀门调节要有利得多;从调节的方便、适用情况来看,又比风机叶片角度调节优越得多。

3.启动注意事项

风机从启动开始直到达到正常工作转速需要一定时间,而电动机启动时所需要的功率超过其正常运转时的功率。由离心风机性能曲线可以看出,风量接近于零(进风口管道阀门全闭)时功率较小,风量最大(进风口管道阀门全开)时功率较大。为了保证电动机安全启动,应将离心风机进口阀门全关闭后启动,待风机达到正常工作转速后再将阀门逐渐打开,避免因启动负荷过大而危及电动机的安全运转。轴流风机无此特点,因此不宜关阀启动。

第二节　水泵的运行管理

在中央空调系统的水系统中,不论是冷却水系统还是冷冻水系统,驱动水循环流动所采用的水泵绝大多数是各种卧式单级单吸或双吸清水泵(简称离心泵),只有极少数的小型水系统采用管道离心泵(属于立式单吸泵,简称管道泵)。这两种水泵的工作原理相同,其最大区别是管道泵的电动机为立式安装,而且与水泵连为一个整体,不需要另外占安装位。因此,管道泵的优点是占地面积小,与管道连接方便,使用灵活,但同时其流量和扬程也受到了限制,这就是它只能在小型水系统中使用的根本原因。由于这两种水泵不仅工作原理相同,而且基本组成和构造也相似,因此在维护保养、运行调节、运行中常见问题和故障的产生原因以及解决方法等方面都有许多相同之处,所以,本部分内容都以卧式离心泵为主讨论,管道泵可以参考。

一、水泵运行检查

水泵启动时要求必须充满水,运行时又与水长期接触,由于水质的影响,使得水泵的工作条件比风机差,因此其检查的工作内容比风机多,要求也比风机高一些。

对水泵的检查,根据检查的内容所需条件以及侧重点的不同,可分为启动前的检查与准备、启动检查和运行检查三个部分。

1.启动前的检查与准备

当水泵停用时间较长,或是在检修及解体清洗后准备投入使用时,必须要在开机前做好以下检查与准备工作。

(1)水泵轴承的润滑油充足、良好。

(2)水泵及电动机的地脚螺栓与联轴器(又叫靠背轮)螺栓无脱落或松动。

(3)水泵及进水管部分全部充满了水,当从手动放气阀放出的是水没有空气时即可认定。如果也能将出水管充满水,则更有利于一次开机成功。在充水的过程中,要注意排放空气。

(4)轴封不漏水或为滴水状(但每分钟的滴数符合要求)。如果漏水或滴数过多,要查明原因,改进到符合要求。

(5)关闭好出水管的阀门,以有利于水泵的启动。如装有电磁阀,则手动阀应是开启的,电磁阀为关闭的。同时要检查电磁阀的开关是否动作正确可靠。

(6)对卧式泵,要用手盘动联轴器,看水泵叶轮是否能转动,如果转不动,要查明原因,消除隐患。

2. 启动检查

启动检查是启动前停机状态检查的延续,因为有些问题只有水泵"转"起来了才能发现,不转是发现不了的。例如,泵轴(叶轮)的旋转方向就要通过启动电动机来观察旋转方向是否正确、转动是否灵活。以 IS 型水泵为例,正确的旋转方向为从电动机端往泵方向看泵轴(叶轮)的旋转是否与说明书规定的一致。

3. 运行检查

水泵有些问题或故障在停机状态或短时间运行时是不会出现或产生的,必须运行较长时间才能出现或产生。因此,运行检查是检查工作中不可缺少的一个重要环节。同时,这种检查的内容也是水泵日常运行时需要运行管理人员经常关注的常规检查项目,应给予充分重视。

(1)电动机不能有过高的温升,无异味产生。

(2)轴承润滑良好,轴承温度不得超过周围环境温度 35℃~40℃,轴承的极限最高温度不得高于 80℃。

(3)轴封处(除规定要滴水的型号外)、管接头(法兰)均无漏水现象。

(4)运转声音和振动正常。

(5)地脚螺栓和其他各连接螺栓的螺母无松动。

(6)基础台下的减振装置受力均匀,进出水管处的软接头无明显变形,都起到了减振和隔振作用。

(7)转速在规定或调控范围内。

(8)电流数值在正常范围内。

(9)压力表指示正常且稳定,无剧烈抖动。

(10)出水管上压力表读数与工作过程相适应。

二、水泵运行调节

在中央空调系统中配置使用的水泵,由于使用要求和场合的不同,既有单台工作的,也有联合工作的;既有并联工作的,也有串联工作的,形式多种多样。例如,在循环冷却水系统中,常见的水泵使用形式就有以下三种。

(1)冷水机组、水泵、冷却塔分类并联然后连接组成的系统,简称群机群泵对群塔系统,如图 4-1 所示。

(2)冷水机组与水泵一一对应与并联的冷却塔连接组成的系统,简称一机一泵对群塔系统,如图 4-2 所示。

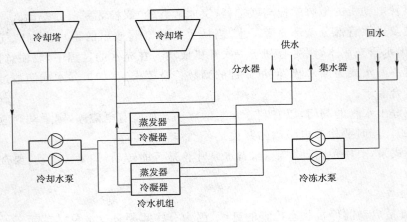

图 4-1 群机群泵对群塔系统

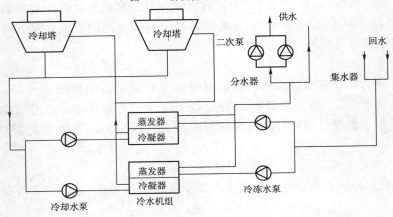

图 4-2 一机一泵对群塔系统

(3)冷水机组、水泵、冷却塔——对应分别连接组成的系统,简称一机一泵一塔系统,如图 4-3 所示。

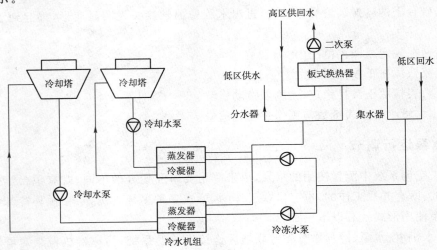

图 4-3 一机一泵一塔系统

在循环冷冻水系统中,水泵的使用形式除了有群机对群泵(图 4-1)和一机对一泵(图 4-2 和图 4-3)等系统形式外,还有一级泵和二级泵系统形式之分。图 4-1 为一级泵系统,图 4-2 和

图 4-3 则为二级泵系统(分水器后接有二次泵)。

不论水泵在水系统中如何配置,其运行调节主要是围绕改变系统中的水流量以适应负荷变化的需要进行的。因此可以根据情况采用以下三种基本调节方式中的一种:

(1)水泵转数调节;
(2)并联水泵台数调节;
(3)并联水泵台数与转数的组合调节。

在水泵的日常运行调节中还要注意两个问题:一是在出水管阀门关闭的情况下,水泵的连续运转时间不宜超过 3min,以免水温升高导致水泵零部件损坏;二是当水泵长时间运行时,应尽量保证其在铭牌规定的流量和扬程附近工作,使水泵在高效率区运行(水泵变速运行时也要注意这一点),以获得最大的节能效果。

三、水泵的维护保养

为了使水泵能安全、正常地运行,为整个中央空调系统的正常运行提供基本保证,除了要做好其运行前、启动以及运行中的检查工作,保证水泵有一个良好的工作状态,发现问题能及时解决,出现故障能及时排除以外,还需要定期做好以下几方面的维护保养工作。

1. 轴承加(换)油

轴承采用润滑油润滑的,在水泵使用期间,每天都要观察油位是否在油镜标识范围为。油不够就要通过注油杯加油,并且要每年清洗、换油一次。根据工作环境温度情况,润滑油可以采用 20 号或 30 号机械油。轴承采用润滑脂(俗称黄油)润滑的,在水泵使用期间,每工作 2000h 换油一次。润滑脂最好使用钙基脂,也可以采用 7019 号高级轴承脂。

2. 更换轴封

由于填料用一段时间就会磨损,当发现漏水或漏水滴数超标时就要考虑是否需要压紧或更换轴封。对于采用普通填料的轴封,泄漏量一般不得大于 30~60ml/h,而机械密封的泄露量则一般不得大于 10ml/h。

3. 解体检修

一般每年应对水泵进行一次解体检修,内容包括清洗和检查。清洗主要是刮去叶轮内外表面的水垢,特别是叶轮流道内的水垢要清除干净,因为它对水泵的流量和效率影响很大。此外还要注意清洗泵壳的内表面以及轴承。在清洗过程中,对水泵的各个部件顺便进行详细认真的检查,以便确定是否需要修理或更换,特别是叶轮、密封环、轴承、填料等部件要重点检查。

4. 除锈刷漆

水泵在使用时通常都处于潮湿的空气环境中,有些没有进行绝热处理的冷冻水泵,在运行时泵体表面更是被水覆盖(结露所致),长期这样,泵体的部分表面就会生锈。为此,每年应对没有进行绝热处理的冷冻水泵泵体表面进行一次除锈刷漆作业。

5. 放水防冻

水泵停用期间,如果环境温度低于 10℃,就要将泵内的水全部放干净,以免水的冻胀作用胀裂泵体。特别是安装在室外工作的水泵,尤其不能忽视,如果不注意做好这方面的工作,会带来重大损失。

第三节　冷却塔的运行管理

中央空调系统常用的人工冷源冷却方式可分为水冷式和风冷式两种。从对制冷剂的冷却效能来看，水冷方式比风冷方式优越，特别是在夏季室外气温较高时，利用空气与水表面饱和空气层水蒸气分压力差的蒸发传热量，要比利用二者温度差的显热传热量大得多。而且水冷方式能使制冷机的冷凝温度比风冷方式的低。因此，在同样条件下，水冷式制冷机的制冷效率要高于风冷式制冷机。除此之外，水冷式还有许多其他优点，这就综合决定了它是中央空调系统人工冷源的首选冷却方式。水冷式系统通常采用开式循环形式，由此而构成的循环冷却水系统需要配置循环水泵、开放式冷却塔和相应的管道、附件等。开放式冷却塔作为用来降低制冷机所需冷却水温度的散热装置，采用最多的是机械抽风逆流式圆形冷却塔，其次是机械抽风横流式（又称直交流式）矩形冷却塔。这两种冷却塔除了外形、布水方式、气水流动形式以及风机配备数量不同外，其他方面均基本相同。因此，在运行管理方面，对二者的要求大同小异。密闭式冷却塔一般在水环热泵系统中使用，不仅使用面窄，而且使用数量也非常少，因此本部分所讨论的冷却塔均为开放式冷却塔，简称冷却塔。

一、冷却塔运行检查

冷却塔组成构件多，工作环境差，因此检查内容也相应较多。

1. 运行前的检查与准备

当冷却塔停用时间较长，准备重新使用前，如在冬、春季不用，夏季又开始使用，或是在全面检修、清洗后，重新投入使用前，必须要做的检查与准备工作内容如下。

（1）由于冷却塔均放置在室外暴露场所，而且出风口和进风口都很大，有的加设了防护网，但网眼仍很大，难免会有树叶、废纸、塑料袋等杂物在停机时从进、出风口进入冷却塔内，因此要予以清除。如不清除，会严重影响冷却塔的散热效率；如果杂物堵住出水管口的过滤网，还会威胁到制冷机的正常工作。

（2）如果冷却塔风机使用皮带传动，则要检查皮带的松紧是否合适，几根皮带的松紧程度是否相同。如果不相同就应换成相同的，以免影响风机转速，加速过紧皮带的损坏。

（3）如果冷却塔风机使用齿轮减速装置，要检查齿轮箱内润滑油是否充满到规定的油位。如果油不够，要补加到位。但要注意，补加的应是同型号的润滑油，严禁不同型号的润滑油混合使用，以免影响润滑效果。

（4）检查各管路是否都已充满了水，各手动水阀是否开关灵活并设置在要求的位置上。管路未充满水的要充满，水阀有问题的要修理或更换。

（5）检查风机电动机的绝缘情况和防潮情况，要符合规定要求。

（6）拨动风机叶片，看其旋转是否灵活，有没有与其他部件相碰撞。风机叶片尖与塔体内壁的间隙要均匀合适，其值不宜大于 $0.008D$（D 为风机叶轮直径）。

（7）对于叶片角度可调的风机，要根据需要检查、调整风机的各叶片角度，并保证一致。

（8）检查圆形塔布水装置的布水管管端与塔体的间隙，该间隙以 20mm 为宜，而布水管的管底与填料的间隙则不宜小于 50mm。

（9）开启手动补水管的阀门，与自动补水管一起将冷却塔集水盘（槽）中的水尽量注满（达到最高水位），以备冷却塔填料由干燥状态到正常润湿工作状态要多耗水量之用。同时检查集水盘（槽）是否漏水，有漏水时则补漏。而自动浮球阀的动作水位则调整到低于集水盘（槽）上沿边 25mm（或溢流管口 20mm）处，或按集水盘（槽）的容积为冷却水总流量的 $1\%\sim1.5\%$ 确定最低补水水位，在此水位时能自动控制补水。

2. 启动检查

启动检查是运行前检查与准备的延续,因为有些检查内容必须"动"起来了才能看出是否有问题,其主要检查内容如下。

(1)启动风机,看其叶片俯视时是否为顺时针转动,而风是由下向上吹的,如果反了要调过来。

(2)短时间启动水泵,看圆形塔的布水装置(又叫配水、洒水或散水装置)是否俯视时是顺时针转动的,转速是否在表中对应冷却水量的数字范围内。如果不在相应范围就要调整,因为转速过快会降低转头的寿命,而转速过慢又会导致洒水不均匀,影响散热效果。布水管上出水孔与垂直面的角度是影响布水装置转速的主要原因之一,通常该角度为5°~10°,通过调整该角度即可改变转速。此外,出水孔的水量(出水速度)大小也会影响转速,根据作用与反作用原理,在出水角度一定的条件下,出水量(出水速度)大,反作用力就大,转速就高,反之转速就低。

(3)通过短时间启动水泵,可以检查出水泵的出水管部分是否充满了水,如果没有,则连续几次间断地短时间启动水泵,以赶出空气,让水充满出水管。

(4)短时间启动水泵时还要注意检查集水盘(槽)内的水是否会出现抽干现象。因为冷却塔在间断了一段时间再使用时,布水装置流出的水首先要使填料润湿,使水层达到一定厚度后,才能汇流到塔底部的集水盘(槽)。在下面水陆续被抽走,上面水还未落下来的短时间内,集水盘(槽)中的水不能干,以保证水泵不发生空吸现象。

(5)通电检查供回水管上的电磁阀动作是否正常,如果不正常就要修理或更换。

3. 运行检查

运行检查的内容,既是运行前检查和启动检查的延续,也是冷却塔日常运行时的常规检查项目,要求运行管理人员经常检查。

(1)冷却塔所有连接螺栓的螺母是否有松动。特别是风机系统部分,要重点检查。

(2)浮球阀开关是否灵敏,集水盘(槽)中的水位是否合适。

(3)圆形塔布水装置的转速是否稳定、均匀,是否减慢或是否有部分出水孔不出水。

(4)矩形塔的配水槽(又叫散水槽)内是否有杂物堵塞散水孔,槽内积水深度宜不小于50mm。

(5)集水盘(槽)、各管道的连接部位、阀门是否漏水。

(6)塔内各部位是否有污垢形成或微生物繁殖,特别是填料和集水盘(槽)里。

(7)是否有异常声音和振动。

(8)有无明显的飘水现象。

(9)对使用齿轮减速装置的,齿轮箱是否漏油。

(10)风机轴承温升一般不大于35℃,最高温度低于70℃。

如果发现上述情况有异常,要进行及时处理,避免产生事故和影响,造成损失。

二、冷却塔运行调节

由于冷却水的流量和回水温度直接影响到制冷机的运行工况和制冷效率,因此保证冷却水的流量和回水温度至关重要。而冷却塔对冷却水的降温功能又受室外空气环境湿球温度的影响,且冷却水的回水温度不可能低于室外空气的湿球温度,因此了解一些湿球温度的规律对控制冷却水的回水温度也十分重要。从季节来看,春、夏季室外空气的湿球温度一般较高,秋、冬季较低;从昼夜来看,夜晚一般较高,白天较低;而夏季则是每日10:00-24:00较高,0:00-

9:00较低;从气象条件来看,阴雨天时一般较高,晴朗天较低。这些影响冷却水回水温度的天气因素是无法人为改变的,只有通过对设备的调节来适应这种天气因素的影响,保证回水温度在规定的范围内。

通常对冷却塔采用以下一些调节方法来改变冷却水流量或冷却水回水温度。

1. 调节冷却塔运行台数

当冷却塔为多台并联配置时,不论每台冷却塔的容量大小是否有差异,都可以通过开启同时运行的冷却塔台数,来适应冷却水量和回水温度的变化要求。用人工控制的方法来达到这个目的有一定难度,需要结合实际,摸索出控制规律才行得通。

2. 调节冷却塔风机运行台数

当所使用的是一塔多风机配置的矩形塔时,可以通过调节同时工作的风机台数来改变进行热湿交换的通风量,在循环水量保持不变的情况下调节回水温度。

3. 调节冷却塔风机转速

采用变频技术或其他电动机调速技术,通过改变电动机的转速进而改变风机的转速使冷却塔的通风量改变,在循环水量不变的情况下来达到控制回水温度的目的。当室外气温比较低,空气又比较干燥时,甚至还可以停止冷却塔风机的运转,仅利用空气与水的自然热湿交换来达到使冷却水降温的要求。

4. 调节冷却塔供水量

采用与风机调速相同的原理和方法,改变冷却水泵的转速,使冷却塔的供水量改变,在冷却塔通风量不变的情况下,同样能够达到控制回水温度的目的。如果在制冷机冷凝器的进水口处安装温度感应控制器,根据设定的回水温度,调节设在冷却水泵入水口处的电动调节阀的开启度,以改变循环冷却水量,并以此适应室外气象条件的变化和制冷机制冷量的变化,也可以保证回水温度不变。但该方法的流量调节范围受到限制,因为水泵和冷凝器的流量都不能降得很低。此时,可以采用改装三通阀的形式来保证通过水泵和冷凝器的流量不变,仍由温度感应控制器控制三通阀的开启度,用不同温度和流量的冷却塔供水与回水,提供符合要求的冷凝器进水温度。其系统形式参见图4-4。

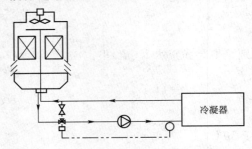

图4-4 三通阀控制冷凝器进水温度

上述各调节方法都有其优缺点和一定的使用局限性,可以单独采用,也可以综合采用。减少冷却塔运行台数和冷却塔风机降速运行的方法还会起到节能和降低运行费用的作用。因此,要结合实际,经过全面的技术经济分析之后再决定采用何种调节方法。

需要引起注意的是,由于冷却塔是一种定型产品,其性能是按额定流量设计的,如果流量减少,会影响到布水(配水)装置的工作,进而影响塔内布水(配水)的均匀性和冷却塔的热湿交换效果。因此,一般冷却塔生产厂家要求,冷却水流量变化不应超过额定流量±20%的范围。

三、冷却塔运行维护保养

由于冷却塔工作条件和工作环境的特殊性,除了一般维护保养外还需要重视做好清洁和消毒工作。

1. 清洁

冷却塔的清洁,特别是其内部和布水(配水)装置的定期清洁,是冷却塔能否正常发挥冷却效能的基本保证,不能忽视。

1)外壳的清洁

常用的圆形和矩形冷却塔,包括那些在出风口和进风口加装了消声装置的冷却塔,其外壳都是采用玻璃钢或高级PVC材料制成的,能抗太阳紫外线和化学物质的侵蚀,密实耐久,不宜褪色,表面光亮,不需另刷油漆作保护层。因此,当其外观不洁时,只需用清水或清洁剂清洗,即可恢复光亮。

2)填料的清洁

填料作为空气与水在冷却塔内进行充分热湿交换的媒介,通常是由高级PVC材料加工而成的,属于塑料的一类,很容易清洁。当发现其有污垢或微生物附着时,用清水或清洁剂加压冲洗,或从塔中拆出分片刷洗即可恢复原貌。

3)集水盘(槽)的清洁

集水盘(槽)中有污垢或微生物积存时最容易发现,采用刷洗的方法就可以很快使其干净。但要注意的是,清洗前要堵住冷却塔的出水口,清洗时打开排水阀,让清洗后的脏水从排水口排出,避免其进入冷却水回水管。在清洗布水装置(配水槽)、填料时都要如此操作。此外,不能忽视在集水盘(槽)的出水口处加设一个过滤网的好处。在这里设过滤网可以在冷却塔运行期间挡住大块杂物(如树叶、纸屑、填料碎片等),防止其随水流进入冷却水回水管道系统,清洁起来方便、容易,可以大大减轻水泵入口水过滤器的负担,减少其拆卸清洗的次数。

4)圆形塔布水装置的清洁

对圆形塔布水装置的清洁,重点应放在有众多出水孔的几根布水支管上,要把布水支管从旋转头上拆卸下来仔细清洗。

5)矩形塔配水槽的清洁

当矩形塔的配水槽需要清洁时,采用刷洗的方法即可。

6)吸声垫的清洁

由于吸声垫是疏松纤维型的,长期浸泡在集水盘中,很容易附着污物,需要用清洁剂配合高压水冲洗。

上述各部件的清洁工作,除了外壳可以不停机清洁外,其他都要在停机后进行。

2. 其他维护保养

为了使冷却塔能安全正常地使用得尽量长一些时间,除了做好上述清洁工作外,还需定期做好以下几方面的维护保养工作。

(1)对使用皮带减速装置的,每两周停机检查一次传动皮带的松紧度,不合适时要调整。如果几根皮带松紧程度不同,则要全套更换;如果冷却塔长时间不运行,则最好将皮带取下来保存。

(2)对使用齿轮减速装置的,每个月停机检查一次齿轮箱中的油位。油量不够时要加补到位。此外,冷却塔每运行6个月要检查一次油的颜色和黏度,达不到要求时必须全部更换。当冷却塔累计使用5000h后,不论油质情况如何,都必须对齿轮箱做彻底清洗,并更换润滑油。齿轮减速装置采用的润滑油一般多为30号或40号机械油。

(3)由于冷却塔的风机电动机长期在湿热环境下工作,为了保证其绝缘性能,不发生电动机烧毁事故,每年必须做一次电动机绝缘情况测试。如果达不到要求,要及时处理或更换电动机。

(4) 检查填料是否损坏,如果有损坏的要及时修补或更换。

(5) 风机系统所有轴承的润滑脂一般每年更换一次。

(6) 当采用化学药剂进行水处理时,要注意风机叶片的腐蚀问题。为了减缓腐蚀,每年应清除一次叶片上的腐蚀物,均匀涂刷防锈漆和保护漆各一道。或者在叶片上涂刷一层 0.2mm 厚的环氧树脂,其防腐性能一般可维持 2~3 年。

(7) 在冬季冷却塔停止使用期间,有可能因积雪而使风机叶片变形时,可以采取两种办法加以避免:一是停机后将叶片旋转到垂直地面的角度紧固;二是将叶片或连轮毂一起拆下放到室内保存。

(8) 在冬季冷却塔停止使用期间,有可能发生冰冻现象,这时要将集水盘(槽)和管道中的水全部放光,以免冻坏设备和管道。

(9) 冷却塔的支架、风机系统的结构架以及爬梯通常采用镀锌钢件,一般不需要油漆。如果发现有生锈情况,再进行除锈刷漆工作。

3. 军团病与冷却塔消毒

冷却塔的维护保养工作还与军团病(legionnaires' disease)的预防密切相关。1976 年,美国退伍军人协会在费城一家旅馆举行第 58 届年会,在会议期间和会后的一个月中,与会代表和附近居民中有 221 人得了一种酷似肺炎的怪病,并有 34 人相继死亡,病死率达 15%。后经美国疾病控制中心调查发现,其病原是一种新杆菌,即嗜肺性军团菌(legionnaire pneumophila),简称军团菌。这种病菌普遍存在于空调冷却塔和加湿器中,由细小的水滴和灰尘携带,可随空气流扩散,自呼吸道侵入人体。自 1976 年至今,全世界已有 30 多个国家爆发 50 多次流行军团病,而且几乎都与空调冷却塔有关。因此,为了有效地控制冷却塔内军团菌的滋生和传播,要积极做好冷却塔军团菌感染的预防措施。在冷却塔长期停用(一个月以上)再启动时,应进行彻底的清洗和消毒;在运行中,每个月需清洗一次;每年至少彻底清洗和消毒两次。对冷却塔进行消毒比较常用的方法是加次氯酸钠(含有效氯 5ml/L),关风机开水泵,将水循环 6h 消毒后排干,彻底清洗各部件和潮湿表面。充水后再加次氯酸钠(含有效洁剂氯 5~15ml/L),以同样方式消毒 6h 后排水。

第五章 蒸气压缩机制冷系统的运行调节与维护

第一节 蒸气压缩式制冷系统的组成及运行管理

一、蒸气压缩机系统组成

1. 氨制冷系统

氨制冷系统流程如图 5-1 所示。

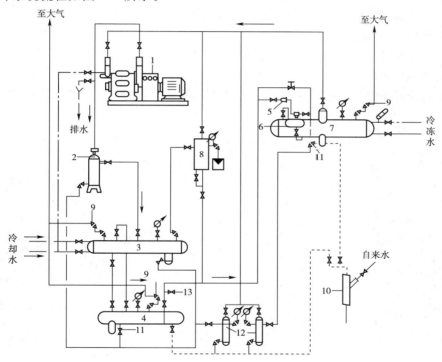

图 5-1 氨制冷系统流程

1-压缩机；2-油分离器；3-冷凝器；4-储备器；5-过滤器；6-节流阀；7-蒸发器；8-不凝性气体分离器；9-安全阀；10-紧急泄氨器；11-放油阀；12-集油器；13-充液阀

1) 氨制冷流程

氨制冷流程如图 5-1 所示。

压缩机 1 排出的高压过热蒸气,沿高压管路经油分离器 2,将润滑油分离后,再进入冷凝器 3,在冷凝器中凝结的氨液经下部的氨液管流入储液器内,冷凝器与储液器之间装有均压管,冷凝器与储液器上装有压力表和安全阀,以便观察,并当系统内的压力超过允许值时,安全阀 9 自动开启,将氨气直接向室外排出。由储液器流出的氨液经过滤器 5 后,进入节流阀 6,经减压后进入蒸发器 7。蒸发器中产生的低压蒸气沿低压蒸气管被压缩机吸入。压缩机吸气管和排气管上,都必须装设压力表和温度计,以便观察温度和压力的变化。为了保证氨制冷系统的安全运行,还设置紧急泄氨器10,一旦需要(如遇火灾),将系统的氨液通至紧急泄氨器,在其中与水混合后排入下水道,避免爆炸事故的发生。

2) 润滑油系统

被高速的氨气流从压缩机带走的润滑油,大部分在油分离器中被分离下来,但仍有少量润滑油随氨进入冷凝器、储液器和蒸发器中。由于润滑油与氨互不相溶,加之润滑油的密度比氨液大,所以,系统运行后,这些设备的下部就积存润滑油。为了避免这些设备存油过多,而影响传热和压缩机的正常工作,在这三个设备的下部都装有放油阀11,在需要放油时,润滑油可分高、低压两路通至集油器12,在放油前,先打开集油器与压缩机吸气管连接的阀门,使润滑油中夹带的氨蒸发出来,被压缩机吸回。这样,既可减少氨的损失,又可减低集油器中的压力,避免放油时的危险。

3) 冷冻水系统

冷冻水是空气调节装置中用来处理空气的冷源。蒸发器中冷冻水进出水接口在同一侧,下进上出,在进出水管上装设温度计,以便观察温度变化。

4) 冷却水系统

冷却水系统比较简单,一般是利用玻璃钢冷却塔冷却后循环使用。

2. 氟利昂制冷系统

氟利昂制冷系统流程如图5-2所示。氟利昂空调制冷系统与氨制冷系统相比,它有如下特点。

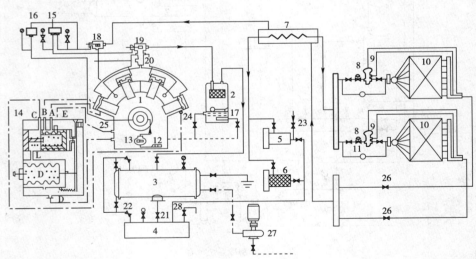

图 5-2 氟利昂制冷系统流程

1-8FS10压缩机;2-分油器;3-冷凝器;4-储液器;5-干燥器;6-过滤器;7-热交换器;8-电磁阀;9-热力膨胀阀;10-蒸发器;11-手动膨胀阀;12-抽滤器;13-齿轮油泵;14-能量控制阀;15-高低压继电器;16-压差控制器;17-浮球式回油阀;18-阀座吸入截止阀;19-双阀座排出截止阀;20-压缩机安全阀;21-冷凝器出液阀;22-均压阀;23-充剂阀;24、25-卸载油缸;26-蒸发器回气截止阀;27-水泵;28-储液器安全阀

(1) 由于氟利昂制冷系统采用回热循环是有利的,所以系统中装有热交换器7。

(2) 由于氟利昂不溶于水,所以系统供液管中装设干燥器5,以防冰塞现象发生。

(3) 氟利昂制冷系统采用干式蒸发器并配置热力膨胀阀9,靠回气过热度自动调节供液量。

(4)由于氟利昂与润滑油的可溶性,为了使润滑油能顺利返回压缩机,多选用非满液式蒸发器,并在曲轴箱中设有润滑油加热器,预热润滑油以利于正常油压的迅速建立,确保压缩机顺利启动。为了保证制冷系统的正常运行,制冷系统的机器和设备安装结束,整个系统管道焊接完毕后,应按设计要求和管道安装试验技术条件的规定,对制冷系统进行吹污、气密性试验、真空试验以及充注制冷剂检漏试验,并为制冷系统的试运转做好各项准备工作。

二、蒸气压缩机系统吹污及检漏试验

1. 制冷系统的吹污

制冷系统应是一个密闭的、洁净而干燥的系统。制冷设备和管道在安装之前,虽然都进行了单体除锈和吹污工作,但是,在系统安装过程中,难免会有一些污物留在系统内部,如焊渣、钢屑、铁锈、氧化皮等。这些污物会造成膨胀阀、毛细管及过滤器的堵塞,一旦这些污物被压缩机吸入到气缸内,则会造成气缸或活塞表面的划痕、拉毛等事故,使制冷系统不能正常运行。因此,在系统正式运转以前必须进行吹污工作,彻底洁净系统,以保证制冷系统的安全运行。

一般情况下吹污工作的气源采用空气压缩机或氮气瓶,也可用制冷压缩机。吹污工作应按设备和管道分段或分系统进行,排污口应选在各排污段的最低点,以使污物顺利排出。

(1)要将所有与大气相通的阀门关紧,其余阀门应全部开启。
(2)将所需吹污的一段排污口用木塞堵上。
(3)给需吹污的一段系统用干燥的压缩空气或氮气加压,加压至0.6MPa。
(4)加压过程中用榔头轻轻敲打吹污管,以使附着在管壁上的污物与壁面脱离,迅速打开排污口,高速的气流就会将污物带出。
(5)反复进行多次,直至系统洁净为止。
(6)检查方法可用一块干净的白纱布,绑在一块木板上放在排污口处,白纱布上无明显污点即为合格。

吹污结束后,应将系统上的阀门(安全阀除外)进行清洗,然后再重新装配。

2. 制冷系统的气密性试验

制冷系统中的制冷剂具有很强的渗透性,如系统有不严密处就会造成制冷剂的泄漏,一方面会影响制冷系统的正常工作,另一方面,有些制冷剂对人体具有一定的毒性,并且污染大气。所以在系统吹污工作结束后,应对系统进行气密性试验。目的在于检查系统安装质量,检验系统在压力状态下的密封性能是否良好。气密性试验包括压力试漏、真空试漏和制冷剂试漏。

1)压力试漏

氨制冷系统的试压工作应尽可能用空气压缩机,如条件不允许,也可指定一台制冷压缩机。氨制冷系统多采用氮气(也可采用压缩空气,但必须干燥),系统充气操作示意如图5-3所示。具体操作步骤如下。

(1)由于氮气瓶压力很高,可达15MPa,所以氮气瓶上应接减压阀后再与充气孔相连。
(2)将所有与大气相通的阀关闭。由于压缩机出厂前做过气密性试验,所以可将其吸、排气阀门关闭。若需复试,可按低压系统的试验压力进行油分离器的回油阀关闭,打开其余阀门。打开氮气瓶阀门,将氮气充入系统。为节省氮气,可将压力先升至0.3~0.5MPa进行检查。如无大的泄露继续升压,待系统压力达到低压段的试验压力时,如无泄漏关闭节流阀前的截止阀，继续对高压段加压直至试验压力关闭氮气瓶阀门，对整个系统进行检漏。

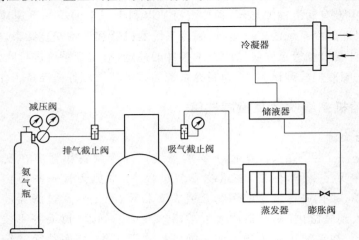

图 5-3 制冷系统气密性试验示意

压力试漏应注意以下几个方面。

(1) 试压时应将有关设备的控制阀关闭，以免损坏，如氨泵、浮球阀、液位器等。

(2) 若有泄漏点需要进行补焊时，需将系统泄压，并与大气相通，决不可带压焊接，补焊次数不得超过两次，否则应将该处管道换掉重新焊接。

(3) 检漏工作必须认真、仔细，可用肥皂水且肥皂水不宜过稀。将渗漏点做好标记，待全部检查完毕之后进行补漏。

2) 真空试漏

真空试漏的目的是检验系统在真空条件下有无渗漏，排除系统内残留的空气和水分，并为系统充注制冷剂做好准备。真空试漏是在系统吹污、压力试漏合格的前提下进行的。

真空试漏要求制冷系统内的绝对压力达到 2.7~4kPa，保持 24h 无变化即为合格。对于小型系统，如电冰箱、空调器，可用真空泵进行。对于大型制冷系统，可用系统压缩机自身抽真空，也可用压缩机把系统的大量空气抽走，然后用真空泵把剩余的气体抽净。用真空泵抽真空操作如下。

(1) 将真空泵吸入口与系统抽气口接好，抽气口可以是压缩机排气口的多用通道或排空阀，也可是制冷剂注入阀。

(2) 关闭系统中与大气相通的阀门，打开其他阀门。

(3) 启动真空泵抽真空，当真空度超过 97.3kPa 时，关闭抽气口处阀门，停止真空泵工作，检查系统是否泄漏。检查时可把点燃的香烟放在各焊口及法兰接头处，如发现烟气被吸入，即说明该处有漏点。

用制冷压缩机抽真空时应注意油压的大小。随着系统真空度的提高会使油泵的工作条件恶化，导致机器运动部件的损坏，所以油压（指压差）不得小于 27kPa，否则应停车。

3) 制冷剂试漏

在压力试漏和真空试漏合格后，应对系统进行充注制冷剂的试漏。目的是为了进一步检查系统的严密性，同时为系统的正常运转做准备。因为制冷剂的渗透性很强，如有渗漏，会损失大量的制冷剂，同时造成环境的污染。

(1) 充氨检漏 氨制冷系统要进行充氨检漏，在系统真空状态下将制冷剂加入系统，待系统中压力达 0.2MPa（表压）时停止，对系统进行检漏。氨系统常采用酚酞试纸（也可用 pH 试纸）检漏。将酚酞试纸用水浸湿后放在检漏部位，若有泄漏则试纸变红，因氨气溶于水呈弱碱性，试纸遇碱变红。在检漏时应注意酚酞试纸不要与被检表面接触，因为被检地方均涂过肥皂水，因肥皂水也呈弱碱性所以也会使酚酞试纸变红。

(2) 充氟检漏氟利昂制冷系统要进行充氟检漏。充氟检漏时，可在系统内充入少量氟利昂气体，使系统内压力达到 0.2～0.3MPa，然后开始检漏。为了避免系统中含水量过高，要求氟液的含水量不应超过 0.025%（质量分数），而且氟利昂必须经过干燥器干燥后才能进入系统。向系统充注氟利昂时，可利用系统真空度，使之进入系统。氟利昂检漏可使用卤素检漏仪进行。

三、蒸气压缩机系统试运转

制冷系统试运转的目的是检验压缩机的装配质量，并使机器的各运动部件进行初步的磨合，以保证机器正常运行时的良好机械状态。一般情况下，试运转分三步进行，即无负荷试车、空气负荷试车和制冷剂负荷试车。

1. 无负荷试车

无负荷试车亦称不带阀无负荷试车。也就是指试车时不装吸、排气阀和气缸盖。无负荷试车的目的是检查吸、排气之外的制冷压缩机的各运动部件装配质量，如活塞环与气缸套、连杆大头轴承与曲轴、连杆小头轴承与活塞销等的装配间隙是否合理。检查各运动部件的润滑情况是否正常。试车前，应对电气系统、自动控制系统、电机空载试运转试验完毕，冷却水管路正常进入使用，曲轴箱内已加入规定数量的润滑油之后方可进行试车。试车步骤如下。

(1) 将气缸盖拆下，取下缓冲弹簧及排气阀座，在气缸壁均匀涂上润滑油。

(2) 手动盘车无异常现象后，通电，观察电机旋转方向是否正确，如不正确进行调整。

(3) 启动压缩机，进行试运转，试运转应间歇进行，间歇时间为 5min、15min、30min。间歇运转中调节油压，检查各摩擦部件温升，观察气缸润滑情况及轴封的密封状况，并进行相应的调整处理。一切正常后连续运转 2h 以上，以进一步磨合运动部件。

2. 空气负荷试车

空气负荷试车亦称带阀有负荷试车。该项试车应装好吸、排气阀和气缸盖等部件。空气负荷试车的目的是，进一步检查压缩机在带负荷时各运动部件的装配正确性，以及各运动部件的润滑情况及温升。该项试车是在无负荷试车合格后进行的。试车前应对制冷压缩机进行进一步的检查并做好必要的准备工作。操作步骤如下。

(1) 将吸气过滤器的法兰拆下，用浸油的洁净纱布包好以对进入机器的空气加以过滤，防止灰尘及杂物被压缩机吸入。

(2) 检查曲轴箱油位。

(3) 打开气缸冷却水阀门。

(4) 选定一个通向大气的阀门，调节其开度以控制系统压力。

(5) 启动制冷压缩机，调节选定的阀门，使系统压力保持在 0.35MPa 下连续运转。同时检查排气温度，制冷工质为 $R717$、$R22$ 的排气温度不得超过 $135℃$，制冷工质为 $R12$ 的排气温度不得超过 $120℃$；运转过程中，油压应较吸气压力高 $0.15～0.3MPa$；油温不应超过 $70℃$；气缸套冷却水进口温度不高于 $35℃$，出口温度不应超过 $45℃$；同时，运转声音正常，不得有其他杂音；各运动部件的温升符合设备技术文件的规定；各连接部位、轴封、气缸盖、填料和阀件无漏水、漏气和漏油现象。空气负荷试车合格后，应拆洗制冷压缩机的吸、排气阀，气缸，活塞，油过滤器等部件,更换曲轴箱内的润滑油。

制冷剂负荷试车的目的是检查压缩机在正常运条件下的工作性能和维修装配质量是否符合规定。对于新安装的和大修后的压缩机,都需拆卸、清洗、检查测量、重新装配之后经过高负荷试运转,以鉴定机器安装及大修后的质量和运转性能,是整个制冷系统交付验收使用前对系统设计、安装质量的最后一道检验程序。压缩机启动前应检查以下内容。

(1)压缩机的排气截止阀是否开启,除与大气相通的阀门外,系统中其余的各个阀门是否处于开启状态。

(2)打开冷凝器的冷却水阀门,启动水泵。若为风冷式冷凝器,则应开启风机,并检查水泵及风机工作是否正常。

(3)检查压缩机曲轴箱油面是否处在正常位置,一般应保持在油面指示器的中心线上;若有两块示油镜,应在两块示油镜中心线以内。

(4)检查控制线路。控制线路应预先单独进行试验,检查供电线路是否正常。

(5)用手盘动压缩机曲轴数圈或对制冷压缩机进行点动,检查是否有运动阻碍,并注意压缩机旋转方向是否正确。

(6)蒸发器若为冷却液体载冷剂的则应启动载冷剂系统。

经上述检查,认为没有问题后,即可启动压缩机进行试运转。

四、蒸气压缩机制冷剂充注

制冷系统首次充注制冷剂是在气密性试验、排污、检漏、真空试验合格后进行的。

1. **系统充氨**(图 5-4)

(1)在充注前,称出装有制冷剂的氨瓶的质量,充注后,再称出空瓶的质量。

(2)将氨瓶放置在具有倾斜度(一般 α=30°～40°)的氨瓶架上,氨瓶嘴向下。

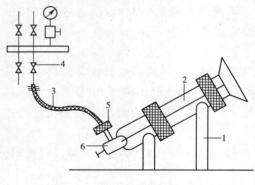

图 5-4 系统加氨

1—氨瓶架;2—氨瓶;3—橡皮管;4—加氨站阀;5—加氨嘴;6—氨瓶阀

(3)系统初次充氨时可将系统抽成真空,利用系统和氨瓶内的压力差把氨液注入系统。当充氨系统管路出现白霜并有流动声音时,说明氨液正在流入系统。待系统压力升高到 0.4MPa 左右时关闭调节阀,使系统高压部分与低压部分切断,开动压缩机使低压部分压力降低后继续充氨,这样可加快充氨速度。

(4)氨瓶和加氨站的连接应采用高压橡胶管用铁丝绑扎牢固,稍微开启氨瓶阀 6,将橡胶管中的空气排出。充氨开始可微开氨瓶阀,检查系统连接是否牢固,有无泄漏,确认系统连接牢固后将加氨站阀 4 全部打开,并逐渐开氨瓶阀,将氨液充入系统。

(5)瓶内的氨液快要充完时,氨瓶底部出现白霜,这时先关闭氨瓶阀,再关闭加氨站阀 4,卸出加氨嘴 5,更换氨瓶,继续充氨。

(6)系统内氨量达到需要量的 50%～60% 时,暂停充氨工作,整个系统便可投入试运转,如无异常现象时,可根据使用情况再进行充加。

(7)充氨过程中,高压部分的压力不得超过 1.4MPa。

(8)系统中如装有浮球式节流阀,加氨时应将手动调节阀打开,保护节流阀。

2. 系统充氟

大型氟利昂系统的充氟位置与连接充氨相同,可参照充氨操作。一些中小型氟利昂系统或装置,一般不设专用充注制冷剂的阀门,制冷剂通常以压缩机吸排气的多用孔道充入系统通常有两种方法。

方法一:从压缩机排气阀多用孔道直接充入制冷剂液体。如图5-5所示,其优点是充注速度快,适用于抽真空后首次充注。操作方法如下。

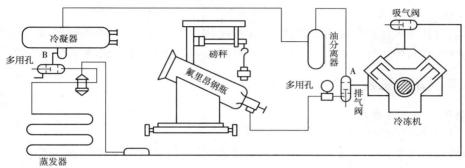

图 5-5　高压侧充氟示意图

(1)首先将制冷剂钢瓶置于磅秤上称重,做好记录。

(2)将制冷剂钢瓶置于钢瓶架上,接压力表,瓶口向下与地面约成30%倾斜。

(3)用事先准备好的充剂接管与制冷剂钢瓶连好,稍微开启制冷剂钢瓶的阀门,随即关闭,用制冷剂蒸气冲净充剂管内的空气。

(4)开足压缩机的排气阀,旋下排气阀的多用孔道塞,然后迅速拧紧排气多用孔道接头螺母。用事先准备好的充剂接管将制冷剂钢瓶和压缩机排气阀多用孔道连通,同时接入干燥过滤器。

(5)将排气阀顺时针关2～3圈,使多用孔道与钢瓶连通,逐渐开启钢瓶出液阀,瓶内制冷剂借助瓶内与系统的压差进入系统。

(6)当系统内压力高于0.3MPa时应停止从高压侧充注制冷剂。如果系统内充液量不够,则应改在压缩机吸气侧进行充注。

注意:从高压侧充注液体时,切不可启动压缩机,以防发生事故。

方法二:从压缩机吸气多用孔道充注制冷剂。如图5-6所示,这种方法适用于系统补充添加制冷剂。其特点是制冷剂不是以液体状态进入,而是以气体状态进入系统。其操作步骤如下。

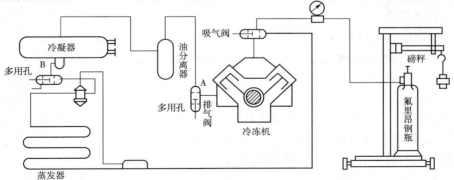

图 5-6　低压侧充氟示意

(1)将制冷剂钢瓶立于磅秤上称重,并做好记录。
(2)在吸气阀的多用孔道与钢瓶之间接管,其操作步骤同方法一的(2)~(4)。
(3)开启冷凝器的冷却系统,开启压缩机的排气阀门,关闭蒸发器的供液阀。
(4)启动压缩机,开启制冷剂钢瓶阀门。
(5)将吸气阀顺时针关半圈左右,多用孔道与钢瓶接通,钢瓶内的制冷剂蒸气被压缩机吸入。此时应密切注意压缩机的情况,以防出现液击。当机器完全正常时,再把吸气阀顺时针转1~2圈。
(6)当磅秤指示已达到规定充注量时,先关闭钢瓶阀门,再关闭压缩机吸气阀的多用孔道(即开足吸气阀),停止压缩机运转,卸下充剂接管,将吸气阀多用孔道螺塞旋上拧紧。

五、蒸气压缩机系统运行

1.制冷压缩机的启动
1)开机前的检查和准备工作
(1)压缩机各部位正常就位;曲轴箱内油面高度正常;各压力表的表阀应全部打开并指示正常;检查和打开吸、排气截止阀及其他控制阀门,自动保护装置;检查气缸冷却水套供水管路。
(2)检查高、低压系统的有关阀门开关得当。
(3)检查高、低压储液器的液面。
(4)检查氨泵、水泵、盐水泵和风机。
2)制冷压缩机的启动操作
(1)运行冷却水系统。打开冷却水系统的阀门,启动冷却水水泵和冷却塔风机。若系统冷凝器为风冷式冷凝器,则启动风机。
(2)运行载冷剂系统。打开蒸发器冷冻水进、出口水阀或启动直接蒸发式空气冷却器的风机;启动蒸发器的搅拌器和水泵。
(3)将制冷压缩机能量调节手柄调至最小容量挡。
(4)将补偿器手柄调至启动位置,按电动机启动按钮。当电动机达到正常转速时,将手柄移至运行位置,启动电机同时迅速打开压缩机排气阀门。
(5)微开压缩机的吸气阀,若发现有液击声,立即关闭吸气阀。待运转声音正常后再缓慢打开吸气阀,观察吸气压力和油压,缓慢打开吸气阀,直至全开。
(6)压缩机运转正常后根据蒸发器负荷逐渐调整节流阀,调节制冷压缩机的能量调节装置,逐渐加载到所要求的工况。
压缩机启动后还要特别注意排气压力表、吸气压力表、油压表和电机电流表的读数,同时要密切注意吸气温度和排气温度以防可能出现的湿行程先兆。

2.制冷压缩机的停机操作
1)正常停机
(1)停机前10~30min关闭节流阀或蒸发器的供液阀、截止阀,适当降低蒸发压力。对小型制冷系统应将蒸发器中液体全部抽回冷凝器。
(2)将压缩机的吸气阀关闭,使曲轴箱内的压力降至$0.03~0.05$MPa。
(3)切断电源,迅速关闭排气阀。
(4)将能量调节手柄移至最小容量挡。

(5)压缩机停机 10～30min 后,停止冷却水泵或冷凝器风机的运行,再关闭蒸发器负荷。
2)紧急停机
紧急停机是制冷装置在运行过程中遇到紧急情况所采取的应急措施。由于事故的情节和危害的程度不同,操作人员应沉着而迅速地采取有效措施,以防事故蔓延和扩大。一般情况下,紧急停机有以下几种情况。
(1)突然停电停机:立即关闭供液阀。
(2)突然停水停机:立即切断电源,在关闭供液阀、压缩机吸排气阀。
(3)遇火警停机:立即切断电源,开启紧急泄氨阀、储液器和蒸发器的放液阀。
(4)设备故障停机:局部故障可关闭相应的阀门;严重故障则立即切断电源。
(5)压缩机故障停机。

六、蒸气压缩机运行参数的调试

制冷装置运行参数包括蒸发温度与蒸发压力、冷凝温度与冷凝压力、压缩机的吸气温度以及热力膨胀阀前液体制冷剂的过冷温度等。这些参数称为内在参数。在这些参数中,最基本、最主要的是蒸发温度与压力、冷凝温度与压力以及吸、排气温度。因为它们比较直观,知道这些数值后其他参数值经简单推算和判断就可知道,所以它们就成为制冷装置的正常运行和调节的依据。

上述各参数的变化,主要取决于外界条件的变化。外界条件也被称为外在参数,包括被冷却物体的温度、环境温度、冷却水温度等。在制冷装置调试时,必须根据外界条件和装置的特点,调整各个运行参数,使它们在经济、合理和安全的数值下运行。

1. 蒸发温度和蒸发压力

蒸发温度可通过装在压缩机吸气截止阀端的压力表所指示的蒸发压力而反映出来。蒸发温度和蒸发压力是根据空调系统的要求确定的,偏高不能满足空调降温需要,过低会使压缩机的制冷量减少,运行的经济性较差。

蒸发温度是通过调节供液量来调整的,实际操作就是调节膨胀阀的开启度。供液量增大,蒸发温度与被冷却介质温度之间的温差增大,则传热效果好、降温快。但温差过大,就要使蒸发温度降低,制冷量减少;由于冷量不足,反而使被冷却介质温度降不下去,故此方法不可取。而温差取得太小,则降低传热速度。因此,应根据制冷设备的不同形式合理地选调温差,以此操纵膨胀阀的开启度。

2. 冷凝温度和冷凝压力

制冷剂的冷凝温度可根据冷凝器上压力表的读数求得。冷凝温度的确定与冷却剂的温度、流量和冷凝器的形式有关。在一般情况下,冷凝温度比冷却水出水温度高 3℃～5℃,比强制通过的冷却空气进口温度高 10℃～15℃。

冷凝温度下降可提高制冷效果,但这要受到环境条件的限制,增加冷却介质的流量可降低一些冷凝温度,一般都是采用这种方法。但不能提高冷却水的流量,因为增大冷却水量需增加水泵功耗,故应全面综合考虑。

3. 压缩机的吸气温度

压缩机的吸气温度,是指从压缩机吸气截止阀前面的温度计读出的制冷剂温度。为了保证压缩机的安全运转,防止产生液击现象,吸气温度要比蒸发温度高一点。在设回热器的氟利昂制冷装置里,保持 15℃ 的吸气温度是合适的;对氨制冷装置,吸气过热度一般取 5℃～10℃。

吸气温度过高或过低均应避免。过热度偏大,将使压缩机排气温度升高,影响润滑油作用,当排气温度与润滑油闪点接近时,还会使部分润滑油炭化并积聚在吸、排气阀口,影响阀门的密封性;吸气温度过低,则说明制冷剂在蒸发器中气化不完全,压缩机吸入湿蒸气就有可能形成液击。

4. 压缩机的排气温度

压缩机排气温度可以从排气管路上的温度计读出。它与制冷剂的绝热指数、压缩比及吸气温度有关。

吸气压力不变,排气压力升高;或排气压力不变,吸气压力降低,都会造成排气温度升高,使经济性降低。

5. 节流前的过冷温度

节流前的液体过冷可以提高制冷效果。过冷温度可以从节流阀前液体管道上的温度计测得。一般情况下它比过冷器冷却水的出水温度高 1.5℃~3.0℃。

第二节　蒸气压缩式制冷系统常见故障及排除方法

一、制冷系统正常运行标志

制冷系统正常运行标志可以用以下几项指标进行判断:

(1)制冷机启动后,气缸中应无杂声,只能听见吸、排气阀片有节奏的起落声。

(2)油压表读数应比吸气压力高 0.15~0.3MPa,老系列产品的油压约比吸气压力高 0.05~0.15MPa。

(3)气缸壁不应有局部发热和结霜情况。对于冷藏和低温装置,吸气管结霜一般可到吸气口,而空调用的制冷机,吸气管不应结霜,一般结露至吸气口为正常。氟利昂压缩机气缸盖上应半边凉,半边热。

(4)曲轴箱油温在任何情况下,氟利昂制冷机不超过 70℃,氨制冷机不超过 65℃,最低不低于 10℃。压缩机轴封和轴承温度不超过 70℃。

(5)制冷机本身应是密封的,不得渗漏制冷剂和润滑油。氟制冷机轴封不得有滴油现象。

(6)压缩机的排气温度,氨和 $R22$ 不超过 135℃,$R12$ 不超过 110℃。排气温度进一步上升就与冷冻机油的闪点(160℃)接近,对设备不利。

(7)氨制冷机吸气温度比蒸发温度高 5℃~10℃,氟制冷机的吸气温度不宜超过 150℃。

(8)冷凝器冷却水量应足够,水压应达到 0.12MPa 以上,水温不能太高,一般要求进水温度低于 32℃。

(9)在一定的水流量下,冷却水进出应达到规定的温差,如没有温差或温差极微,说明热交换设备传热面结垢严重,需停机清洗。

(10)冷凝压力:一般情况下,对于水冷式冷凝器,$R22$ 和氨不超过 1.5MPa,$R12$ 不超过 1.18MPa。

(11)运行中用于触摸卧式冷凝器时,应上部热下部凉,冷热交界处为制冷剂液面。油分离器也是上部热下部不太热,冷热交界处为油面或液面。运行中蒸发压力与吸气压力应相近,高压端的排气压力与冷凝压力、储液器压力相近。

(12)储液器液面不低于液面指示器的 1/3,曲轴箱油面不低于指示窗的水平中心线。

(13)氟油分离器自动回油管应时冷时热,冷热周期为1h左右。

(14)液体管道的过滤器前后不应有明显的温差,更不能出现结霜情况,否则说明流动阻力过大,是堵塞的先兆。氟利昂系统各接头不应有渗油现象,渗油即说明漏氟。氨系统各阀门及连接处不应有明显漏氨现象。

(15)膨胀阀阀体结霜或结露均匀,但进口处不能出现厚霜。液体经过膨胀阀时,只能听到微小的流动声。

(16)系统中各压力表指针应相对地稳定,温度计指示正确。

二、制冷系统故障分析与排除

制冷系统是由制冷压缩机、冷凝器、蒸发器、膨胀阀以及许多辅助设备所组成的相互联系而又相互影响的复杂系统,因此对制冷机的故障分析应是制冷技术的综合运用。长期实践归纳的"听、摸、看、分析"的方法十分有效。

"听"机器设备的运转声音是否正常"摸"系统中有关设备、部件及管道连接的冷热变化和振动情况;"看"是系统中控制及指示仪表的数值;分析故障现象,运用制冷装置有关理论及操作人员的工作经验,找到原因,再有的放矢地排除。

1. 活塞式制冷压缩机常见故障及排除

1)压缩机不能正常启动

(1)供电电压过低。当供电电压低于额定电压的90%时,电机的额定功率会明显下降,无法启动压缩机。电压恢复再启动。

(2)电动机线路接触不良或断路。检查电路。

(3)温度控制器失调或发生故障。温度继电器感温包内工质如果泄漏或误调节,使温度继电器的触头断开,故压缩机不能启动。判断工质是否泄漏,首先看温度继电器的温度调节杆是否在正常温度区;其次可将继电器温度调节杆调到低温标度区,观察触头是否闭合,如不闭合,将温度继电器拆下,把感温包浸入水中,再观察触头是否闭合,若还不动作,证明是感温包内工质已泄漏。

(4)压力继电器失灵。

检查压差继电器。先查看触头是否断开,如油压低于正常值,在规定的时间内不能恢复正常时,继电器触头自动断开,发生自锁,启动时若没有按手动复位按钮,则该触头处于断开状态,导致压缩机无法启动;另外,因继电器内的延时机构双金属片被加热后需要时间冷却,所以压差继电器动作一次后,需5min后才能使其带动的触点复位。检查高低压继电器的高低压调定值是否过小。检查系统中阀门,阀门没有打开,也会引起排气压力过高或吸气压力过低而使压力继电器断开。

2)压缩机启动停机频繁

(1)排气阀片严重磨损或密封线上有划痕,造成阀片漏气,使高低压部分压力平衡,造成进气压力过高。排除方法是对排气阀片及密封线进行检修(更换阀片或研磨密封线)。

(2)温度继电器幅差调节的过小。

(3)冷凝器冷却水量不足、水温过高或出液关闭,造成压力过高,压力继电器动作。查出冷凝器冷却水量不足的原因并排除,检查出液阀是否打开。

3)压缩机在运转中突然停机

(1)吸气压力过低,低于压力继电器的下限值,引起低压继电器动作断电。

(2)排气压力过高,超过高压继电器的上限值,引起高压继电器动作断电。
(3)油压过低,油压继电器动作断电。
(4)电动机过载,电流增大引起热继电器动作断电。检查电源电压是否偏低,负荷是否过大。

4)气缸中有敲击声
(1)活塞与气缸的余隙过小发生碰撞。
(2)由于长期使用磨损严重,使活塞销与连杆小头配合间隙过大。
(3)排气阀片固定螺栓松动。
(4)缓冲弹簧变形,弹力变小。
(5)活塞环或气缸磨损严重,造成活塞与气缸之间配合间隙过大,应更换活塞环或更换气缸。
(6)阀片断裂掉入缸中。
(7)连杆变形。
(8)气缸与曲轴连杆中心线不正。
(9)液体制冷剂进入气缸产生液击。应立即关小吸气阀,如果情况严重则应停机将曲轴箱的润滑油更换后,重新开机。

5)曲轴箱有杂音
(1)连杆大头与曲拐轴颈配合间隙过大,应调整配合间隙。
(2)主轴承或曲轴磨损严重。
(3)止退销钉断裂使连杆螺母松动。
(4)联轴器同轴度不好或联轴器键槽处松动。

6)压缩机启动后没有油压或运转中油压不升起
(1)油泵管路系统连接处漏油或管路堵塞。应检查油管,如有堵塞,将其疏通,紧固接头。
(2)油压调节阀开启过大或阀芯脱落。油压调节阀开启过大造成润滑油流回曲轴箱的量过多,而供给各摩擦部位的油量过少;阀芯脱落会使油泵泵出的润滑油全部返回曲轴箱。
(3)曲轴箱油太少。应及时添加润滑油。
(4)曲轴箱内有制冷剂液体而突然减压,润滑油中的制冷剂气化,使润滑油起沫。对氨系统应停机,设法将氨液排除;氟利昂系统曲轴箱内有电加热器的应先将油预热,使制冷剂充分蒸发。
(5)油泵严重磨损。一方面由于油泵齿间隙或端间隙磨损过大,失去泵油的功能;另一方面油泵传动部件由于排油压力过高或经常受到冲击,开口槽变形成八字式,使方棒打滑,油泵不会转动。
(6)油压表表阀未打开或油压表不准,指针失灵。
(7)曲轴箱后端盖垫片错位堵塞油泵进油通道。应打开曲轴箱后盖检查,若发现垫片错位即予以纠正。

7)压缩机发生湿冲程或气缸结霜
(1)调节阀开启过大,进入蒸发器的液体量过多,在蒸发器中未能及时蒸发,压缩机吸入的是温度较大的制冷剂蒸气。对采用热力膨胀阀的系统,造成阀开启过大的原因,一方面是热力膨胀阀失灵或感温包松动,致使热力膨胀阀开启过大;另一方面是膨胀阀前的电磁阀失灵,停机后大量制冷剂进入蒸发器,再次开机时进入压缩机。

(2)压缩机进气阀开启过快、过猛,以致使蒸发器中的液体被抽出。

(3)系统中制冷剂充注量过多,使蒸发器中液态制冷剂过多,压缩机吸气过程中容易吸回湿蒸气。

(4)放空气时,空气分离器上的供液阀开启过大,使未蒸发的制冷剂液体被压缩机吸回。

(5)润滑油进入蒸发器,在换热表面形成油垢,产生热阻,使制冷剂液体不能很好蒸发,压缩机吸入的气体为湿蒸气。当压缩机吸入液体制冷剂产生湿冲程时,如不严重,则造成气缸结霜,运转声音不正常;如比较严重,会使顶盖随行程跳动,发出很激烈的撞击声,同时,气缸外部结霜;很严重时曲轴箱和排气管会出现结霜,曲轴箱内润滑油呈泡沫状。一旦产生湿冲程,则应立即关闭压缩机的吸气阀和蒸发器的供液阀,依靠压缩机空转所产生的热量使进入气缸中的液态制冷剂慢慢气化。当气缸上的霜层融化,排气温度上升至50℃以上时,可微开压缩机进气阀并密切注意排气温度变化。如果排气温度持续上升,可继续加大吸气阀的开启度;如果温度下降,应再关闭吸气阀,直到正常。

处理湿冲程时应注意油压,尤其是润滑油内混有制冷剂时更要注意。关闭压缩机的吸气阀后,曲轴箱逐渐形成真空状态,油温下降,黏度增大,使油泵输油量减少,润滑情况恶化。油内含有液态制冷剂时上述情况更为严重。运行时应保持所要求的油压或使油压比原来稍高,当油压低于规定值时应停止运行,防止发生事故。如果压缩机内积有的液体较多,利用上述方法不能消除时,可利用压缩机放油阀、放空气阀将制冷剂放出。

压缩机湿冲程大都是因为操作不当所致,其危害性较大,严重时可使阀片破裂、加速机器的磨损,影响正常生产。因此,在操作运行时应经常观察吸气温度并及时加以调整。

2. 螺杆式制冷压缩机常见故障及排除

1)启动负荷过大或根本不能启动

(1)排气压力过高,使压缩机无法启动。可打开吸气阀或旁通阀低压系统。

(2)排气止回阀泄漏使启动负荷增大,解决方法同上。

(3)压缩机内积有油或液态制冷剂,而液体可压缩度极小,导致压缩机启动时启动负荷过大。启动前应手盘压缩机联轴器,将机腔内积液排出。

(4)能量调节装置未卸载到零位,启动负荷过大。

(5)压力继电器故障或调定压力过低。应检修压力继电器并重新调定压力。

(6)部分运动部件严重磨损或烧伤,形成咬死等现象。应对相应的部件拆卸检修换、调整。

2)压缩机运转出现不正常的响声

(1)转子内有异物。应对压缩机进行检修、清洗或更换吸气过滤器。

(2)止推轴承、滑动轴承或转子与机壳磨损,造成严重摩擦。这时应更换轴承进行检修。

(3)滑阀位置不正。

(4)连接件螺栓松动或联轴器的连接件变形。应紧固螺栓更换连接件。

(5)油泵气蚀。需查找汽蚀的原因并排除。

3)压缩机无故自动停机

(1)高压继电器动作,一方面是排气压力过高引起,另一方面是高压继电器调定值过低引起,查明原因并排除。

(2)油温继电器、油压差继电器动作。

(3)压缩机过载。

(4)其他自动保护和控制组件调定值不当或控制电路有故障。

4）能量调节机构不动作或不灵活

原因有指示器失灵、油路不通、油压不足、滑阀卡住或漏油、四通阀不通、控制回路有问题。应对相应设备进行检查维修。

3．系统无制冷效果

压缩机在运转但无制冷效果，产生这类故障的原因有两种，即系统内制冷剂不能循环流动和系统内制冷剂全部泄漏。

1）制冷系统发生"冰堵"

系统中的氟利昂含有过量水分，在制冷机运行时发生"冰堵"，使制冷剂不能流通而不制冷。制冷系统中的水分都是由外界进入系统的：由于系统在充注制冷剂之前，未进行很好的真空干燥处理；制冷剂和润滑油内所含水分过多；运行中蒸发器内压力过低，空气和水分一起进入系统；冷冻水及冷却水漏入系统等。这些都是引起制冷剂中产生水分的直接原因。因此制冷系统对制冷剂的含水量有严格的要求，对含水量的控制方法如下。

(1)对首次使用或检修拆卸重新安装的空调制冷设备，制冷系统要进行真空干燥处理。

(2)对充入系统的制冷剂应进行干燥过滤。方法是在充注制冷剂的管道上设置一只干燥过滤器。

(3)冷凝器出液管道或储液器的出液管道上设置干燥过滤器，吸收循环流动制冷剂中所含有的水分。

(4)定期监测分析系统中制冷剂的含水量情况，发现含水量超过规定的要求，应将系统中干燥过滤器内的干燥剂进行更换。

(5)系统中制冷剂含水量过大，应立即查明原因，对系统进行检修，找出漏水部位进行修复，然后对制冷系统重新进行气密性试验，并充注新的制冷剂。对含水量过大的制冷剂应送回制造厂回收处理。

制冷系统中水分的排除方法：系统中一般需要安装干燥过滤器，目的是清除系统中的水分及杂质。干燥过滤器一般安装在冷凝器的出液管到膨胀阀前的管段中，它的任务是除掉系统游离的水分，同时滤掉系统高压侧管路中的污物杂质。一般大型制冷系统采用法兰式干燥过滤器，以方便拆卸清洗和更换干燥剂。干燥过滤器经过一定时间的使用，会使其内部污物过多而造成堵塞，必须清洗滤网和更换干燥剂，以保证制冷系统的清洁和干燥，使制冷效果得到良好发挥。

2）制冷系统发生"脏堵"

制冷系统发生"脏堵"主要有过滤器堵塞或连接管路堵塞。过滤器被污垢堵塞后的反常现象也是低压段呈真空状，排气压力低。为证实这一故障，可用扳手轻击过滤器外壳，若吸气压力有所提高，则证实是过滤器被堵塞。这时就要拆下过滤器清洗，烘干后装入系统，抽空后再运转；管路堵塞一般出现在检修后，因工作疏忽，或把作为临时封头的棉纱遗留在管中，或因焊缝间隙大，纤焊时焊料流进管中堆积而堵塞通道。对于已经过一段时间正常运转的制冷机，类似这种堵塞现象是少见的。

3）膨胀阀故障

(1)膨胀阀感温包内工质泄漏。如果感温包、气箱或连接的毛细管有裂缝，工质泄漏后开启作用力也就消失，从而使阀孔关闭，制冷机就不能制冷。

(2)膨胀阀堵塞、冰堵、脏堵。膨胀阀故障表现是吸气压力很低，阀不结露也无过流声。一般做法是先用热水对膨胀阀体加热，片刻后，如听到过流声且吸气压力上升，则可证实是"冰堵"。若加热无效,再用扳手轻击阀体的进口侧面,若吸气压力有反应则说明是"脏堵"若敲击无效,可用扳手稍稍松一下膨胀阀的进液接口,看是否有制冷剂液体从中喷出,若有液体喷出,则基本肯定是膨胀阀出故障,应拆卸维修。

4) 压缩机吸、排气阀片击碎

压缩机吸、排气阀片若被击碎,则制冷剂蒸气就在气缸与吸气腔或排气腔间来回流动,无法由压缩机排出去,制冷系统就不能制冷。

故障反常现象:当吸气阀片被击碎后,吸气压力表指针摆动很激烈,吸气温度也高。当排气阀片被击碎时,排气压力表指针摆动很激烈,气缸与气缸盖很烫手。此时应及时停车,打开气缸盖检查阀片并进行修理。

5) 系统内制冷剂几乎全部泄漏

如制冷系统某处有较大的泄漏点,又未及时发现,以致使系统内制冷剂几乎全部漏掉,这时制冷机当然不能制冷。制冷剂几乎全部泄漏后的反常现象是吸气压力成真空,排气压力极低,排气管不热等。在重加制冷剂前,应先对制冷机进行压力检漏并补漏,然后再抽空气。

4. 冷量不足

制冷机能运转制冷,但被冷却物的温度无法降到设定的温度。由于制冷系统的运行工况点反映了系统中各主要组成设备制冷能力配合的情况,因此可分析运行工况参数的变化,找出冷量不足的原因。

1) 压缩机效率差

表现为冷凝压力下降而蒸发压力上升。原因是在工况不变的情况下输气系数下降。对于一台经过长期运行的压缩机,其输气量下降的原因大多数是由于运动件已有相当程度的磨损,配合间隙增大。特别是气阀的密封性能下降,导致漏气量增加更为严重。

2) 膨胀阀流量太大

膨胀阀流量的大小,可以根据吸气压力表所反映的蒸发压力变化情况和吸气管的结霜(或露)变化情况来进行判别。当制冷机连续运转相当长的时间后,蒸发压力降不下来,霜(或露)又结到吸气截止阀处,表示膨胀阀的流量过大。反之,蒸发压力过低,霜(或露)结不到吸气管,则表示膨胀阀流量过小。

3) 膨胀阀流量太小

膨胀阀流量太小的原因,可能是以前在调试中没有调好,也有可能是阀进口滤网不畅通,使阀孔流量有所下降。滤网堵塞和阀孔调节得太小的明显区别是:滤网被塞时,其整个阀体都会结白霜;若是阀孔过小,只会有半片阀体结霜。阀孔过小时应适当地人工调大阀孔,这时吸气压力会上升。滤网不畅通应拆下清洗。

4) 系统内有空气

制冷系统内有了空气,除表现在排气压力升高外,吸气压力也要相应提高,气缸盖很烫手。系统内的空气含量不多时,排气压力还未超过压力继电器的动作值,制冷机能够运转但冷量不足。如果含空气量很多的话,就不是冷量不足的问题了,而是制冷机能不能安全运转的问题。系统中不凝性气体的来源如下。

(1) 安装或检修制冷设备后,充灌制冷剂前,系统抽真空不彻底,内部留有空气。

(2) 补充润滑油、制冷剂或更换干燥剂、清洗过滤器时,使空气混入系统中。

(3) 当蒸发压力低于大气压力时,空气从不严密处渗入系统内。

(4) 制冷剂及润滑油在高温下分解,产生一些不凝性气体。

(5)金属材料被腐蚀产生不凝性气体。

系统含空气的检查方法如下。

方法一：制冷机排气压力表指针出现大幅且慢的摆动。压力表指针摆动，不只因系统中有空气，有时排气不均匀也能使压力表指针摆动，因此，应该区别开来。如果排气量不连续，这时指针摆动与活塞频率相同，指针摆动较快，摆幅度也小；而有空气存在时，指针摆动幅度略大，摆动也慢。

方法二：排气压力与排气温度都大于正常的值。空气一旦进入系统后，一般都储存在冷凝器和储液器中，因为在该设备内有液氨存在而形成液封，空气不会进入蒸发器。假如低压系统因不严密而进入空气，则空气也会与制冷剂一道，被制冷机吸入送至冷凝器中。由于空气不凝，它的密度比氨大，故空气也会储存在制冷剂与氨气的交界处。正是这个道理，立式氨冷凝器不凝气体出口设在冷凝器的中下部。对于氟利昂系统来说，空气比氟气密度小，因而空气是存于卧式冷凝器的上部。放空气时，可以从制冷机排气阀多用孔道进行，或直接从冷凝器的放气阀进行。

空气排放可用空气分离器排放，或直接从冷凝器的放气阀进行。如图5-7所示，立式空气分离器放空气步骤如下。

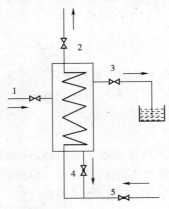

图5-7 氨系统放空气原理
1-混合气体入口阀；2-回气阀；3-放空阀；4-回液阀；5-节流阀

(1)首先开混合气体入口阀1，让冷凝器内的不凝性气体与氨气混合物进入空气分离器(开混合气体入口阀前，空气分离器处于待工作状态)，不再进入时关闭混合气体入口阀1。

(2)开回气阀2，使空气分离器内的盘管与制冷机吸入口相通。

(3)微开节流阀5，使氨液经节流阀减压后进入盘管内蒸发，吸收混合气体的热量，使混合气体中氨气冷凝成液体下沉，空气集于上部。

(4)待混合气体充分分离后，开启放空阀3放空。空气放完后，关闭放空阀及节流阀。然后微开回液阀4，使冷凝下来的氨液重复使用，最后关闭回液阀及回气阀，恢复空气分离器原状。

放空气时注意事项如下。

(1)因盘管面积有限，节流阀不能开得过大，以防没有蒸发的制冷剂液体进入压缩机产生湿压缩。节流阀开启大小根据回气管结霜情况及制冷机排气温度高低来调节，一般回气管结霜不超过2m。如果制冷机吸入压力较高，回气管可能不结霜，这时控制压缩机排气温度不低于70℃。

(2)为减少混合气体进入空气分离器的阻力，混合气体入口阀应全开。

(3)为使混合气体中氨气冷凝，提高空气分离效率，减少氨的损失，保证环境不受污染，放空阀应开小一些。空气是否放净可根据水桶中气泡情况加以判断。如气泡呈圆形上升而无体积变化，水温也不上升，则放出的是空气。由于氨易溶于水，如果放出的气泡体积变小，并有氨味溢出，水渐呈白色，同时水中能听出爆竹声，则空气放净，关闭放空阀。氟利昂系统一般不设专门的放空设备，因此，平时尽可能注意不要让空气进入系统。如有空气时应停车(最好是上早班前дня)，打开冷凝器顶部的放空阀或制冷机排气阀多用孔堵头，空气从最高处放出。用手触摸气流，若是冷风就继续放，如感觉有凉气，说明有氟跑出，应堵上堵头。

5.过滤器不畅通

制冷系统内因清洁度不够好,污垢逐渐淤积在过滤器中。过滤器不畅通的表现是过滤器有节流效应。在过滤器外壳表面上凝有露珠,或是手摸上去壳体温度比环境气温低。滤网堵塞严重时,外壳表面会结白霜。

6.制冷剂不足

当系统中的制冷剂不足时,表现为吸、排气压力都低,但排气温度较高,膨胀阀处可听到断续的"吱吱"气流声,且响声比平时大;若调大膨胀阀开启度,吸气压力仍无上升,制冷剂不足,显然是由于系统内有渗漏点所引起。所以,不能急于添加制冷剂,而应先找出渗漏部位,修复后再加制冷剂。

7.工作参数不正常

吸气压力、排气压力过高或过低都会被高低压控制器控制停机,应检修后再按开机要求有序操作;制冷机在运行过程中也会出现工作参数偏高偏低,应做适当运行调节。

8.吸气温度过高

正常情况下压缩机缸盖应是半边凉、半边热,若吸气温度过高则缸盖全部发热。吸气温度过高的主要原因及其排除方法如下。

(1)系统中制冷剂充灌量不足,检漏、补漏后再充注适量制冷剂。
(2)热力膨胀阀开启度过小,调节膨胀阀开启度到合适开度。
(3)膨胀阀口滤网堵塞,查明堵塞原因,并排除之,更换阀前干燥过滤器。
(4)其他原因,如回气管道隔热不好或管道过长,针对具体问题具体分析。

9.吸气温度过低

为了保证压缩机安全运行,防止湿行程,必须有一定的过热度。若压缩机吸气温度过低,容易产生湿行程和使润滑条件恶化。压缩机吸气温度过低的原因及排除方法如下。

(1)制冷系统充灌量太多,即使关小热力膨胀阀也无显著改善。排除多余制冷剂至钢瓶储存。
(2)膨胀阀开启度过大。调节膨胀阀开启度到合适开度。

10.排气温度较高

排气温度的高低与压缩比以及吸气温度成正比。排气温度过高会使润滑油变稀,甚至炭化结焦,从而使压缩机润滑条件恶化。造成排气温度升高的主要原因及排除方法如下。

(1)吸气温度较高,制冷剂蒸气经压缩后排气温度也就较高。找出吸气温度过高的原因并排除之。
(2)冷凝温度升高,冷凝压力也就高,造成排气温度升高。检查原因并排除之,如水垢、油垢过多,空气含量过大,传热面积不适当等。
(3)排气阀片被击碎,气缸与气缸盖烫手,排气管上的温度计指示值也升高。停止压缩机运转,拆开压缩机检修或更换零件。
(4)气缸中润滑油中断。检查压缩机供油系统,排除故障。
(5)压缩机冷却水套中供水不足,或供水温度过高。检查并调节冷却水系统,常见问题为进水阀开度不合适,水垢过多,水套进水管接反方向等。
(6)制冷剂循环量太少。补充制冷剂。

11.排气温度过低

压缩机排气温度过低会影响到冷凝温度和压力,使冷凝效果下降。造成排气温度过低的主要原因及排除方法如下。

(1)制冷剂流量过多。将多余的制冷剂放出。

(2)膨胀阀开启度过大。适当调整膨胀阀开度。

12.排气压力较高

压缩机的排气压力一般是与冷凝温度的高低相对应的。排气压力较高的危害在于,使压缩功加大,输气系数降低,从而使制冷效率下降。产生这种故障的主要原因及排除方法如下。

(1)冷却水水量小,水温高,若是风冷式冷凝器,则是风量小,增大冷却水量或风量。

(2)系统内有空气,使冷凝压力升高。定期排除不凝性气体。

(3)制冷剂充灌量过多,液体占据了有效冷凝面积。排除多余制冷剂至钢瓶。

(4)冷凝器年久失修,传热面污垢严重,也能导致冷凝压力升高,水垢的存在对冷凝压力影响也较大。定期清除水垢。

13.排气压力过低

排气压力较低,虽然其现象是表现在高压端,但原因多产生于低压端。主要原因及排除方法如下。

(1)膨胀阀冰堵或脏堵,以及过滤器堵塞等,必然使吸、排气压力都下降。清除堵塞并更换阀前干燥过滤器。

(2)制冷系统充灌制冷剂不足。补充制冷剂。

(3)热力膨胀阀感温包中工质漏掉,造成阀孔全部关死,停止供液,这样吸、排气压力均降低。找出漏点并补漏,再给感温包充注制冷剂。

第三节 蒸气压缩式制冷系统的维护与保养

制冷系统的维护与检修包括日常维护保养和定期检修。日常维护保养的目的是使机器与设备经常处于正常工作状态,防止事故的发生。定期检修是由于机器和设备在运转中,由于受到负荷、摩擦的影响,以及介质的腐蚀,出现相应的磨损或疲劳。有的间隙过大,有的丧失工作性能,使零件表面的几何尺寸与机件的相对位置发生变化,如果不立即进行修理或调整,不仅降低机器和设备的制冷效率,而且由于机器与设备"带病工作",时间一长就会发生严重事故。因此,当机器与设备运转一定的时间后,必须实行计划修理,以使机器与设备恢复原来的精度和制冷效果,满足生产的需要。

一、制冷系统大修前制冷剂的排放

制冷机停用时间较长时,或仅仅维修低压段的零部件时,要将制冷剂收入系统的储液器或冷凝器中,以防泄漏。当制冷设备需要进行大修,应将制冷剂从系统中抽出,基本操作方法有两种。一种是将液态制冷剂直接灌入钢瓶,抽取部位选在储液器的出液阀与调节阀之间的液体管道上,在此接铜管,并与备用钢瓶接上。关闭出液阀。启动系统压缩机,让制冷剂液体直接排入备用钢瓶。当系统的吸气压力表指针低于零位时停机。该方法排放制冷剂速度快但不能排放干净,适用于大容量系统。另一种是将制冷剂以过热蒸气直接压入钢瓶,与此同时对钢瓶进行冷却,促使进入钢瓶的制冷剂蒸气液化储存于钢瓶内,它的抽取部位选在制冷压缩机的排出端。该种方法排放速度慢,却能把系统中的制冷剂抽尽,适用于容量小的制冷系统。

1.制冷系统的取氨

(1)准备好取氨工具、劳保用品、磅秤和操作工具等。根据系统大小,准备相应数量的氨瓶,按图5-8连接。

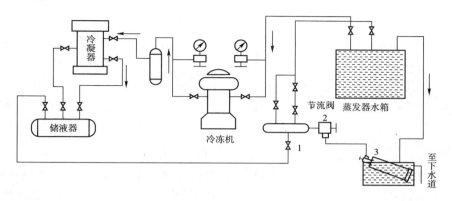

图5-8 制冷系统取氨示意
1-供液总阀;2-充氨阀;3-氨瓶阀

(2)按正常程序启动制冷压缩机进行制冷,使冷量积存于蒸发器水箱中。逐步关小节流阀,蒸发器水箱中水温接近0℃时,关闭节流阀,使蒸发压力维持在1bar(10^5Pa)左右停止。

(3)在停止制冷系统工作之前,关小冷凝器冷却水量,有意提高冷凝压力到13bar左右。

(4)停车之后,蒸发压力不应上升,否则还需启动压缩机再次对蒸发器进行抽氨,直至蒸发压力不回升为止。这时蒸发器内的制冷剂已全部抽净。

(5)将蒸发器水箱内的低温水引出,淋浇于放在槽内的氨瓶上,并经常搅动槽内低温水,使氨瓶受到均匀冷却。然后开启供液总阀1及充氨阀2和氨瓶阀3,氨瓶内制冷剂由于受到低温水的冷却而相应的饱和压力不高,这样氨瓶内的压力和储液器内的压力就形成了一个压力差,此时储液器中的液态氨在压力差的推动下迅速进入空的氨瓶内。在抽取氨的过程中,应严格控制液氨进入氨瓶中的质量(经常用秤称),一般不得超过氨瓶容积的60%。如果将氨瓶灌满液氨,当氨瓶从低温水中取出时,受到高于低温水的环境温度的影响,氨瓶内压力将会上升很快,如果瓶内无膨胀余地,其后果是比较严重的。

(6)氨瓶内装足了规定的氨量后,关闭充氨阀及氨瓶阀,换一瓶再抽取,直到储液器内压力下降到与氨瓶受低温水冷却时的饱和压力相等时,可以认为制冷系统取氨基本完毕。系统所剩部分为气体及其油污杂质,可以通过紧急泄氨器或系统中最低点放入下水道,或者用水稀释成为氨水作肥料。

2.制冷系统取氟

(1)将氟利昂制冷压缩机排气阀和冷凝器出液阀开到最大,关闭多路截止阀,取下堵塞,将T形(三通)或直形接头装在截止阀上,再接好抽氟利昂气体管(一般用φ6mm+1mm紫铜管)。连接见图5-9。

(2)稍微关闭排气阀或冷凝器出液阀,排出少许制冷剂后停止,目的是把连接管内的空气排出(待用)。

(3)接好冷却水管,使氟利昂瓶淹没在水中,不断搅动水(水温不能高于冷凝器的冷却水温度),使钢瓶降温。

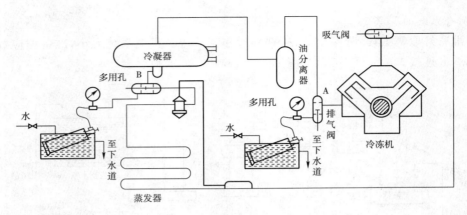

图 5-9 制冷系统的取氟示意图

(4)打开氟利昂瓶阀,控制冷凝器出液阀的开度,则液体在压力差的作用下进入氟利昂瓶。如压差过小使液体不易流入,可关小冷凝器冷却水,以提高冷凝压力。此时,液体将迅速进入瓶内。

(5)大量液体制冷剂取出后,可改在排气阀处抽取。但应调节压缩机吸入截止阀的开度,其排气压力不得超过 10bar 为宜。

(6)当表压为零时,说明系统内的制冷剂已基本抽尽,留下的只是少量的制冷剂蒸气。这时可以停车,关闭氟利昂瓶阀。

(7)停机之后,观察排气压力和吸气压力是否回升,如果回升到表压为零以上,则重新打开氟利昂瓶阀,启动制冷压缩机继续抽取;若压力不回升,就证明系统内无液体制冷剂。

3. 排放氨(或取氟)时注意事项

(1)为防止低压系统达到负压而渗入空气,影响制冷剂的纯度,所以在排放前,应对整个系统进行检漏。

(2)为避免抽取制冷剂时,因吸气压力过低而使低压继电器动作,使压缩机不能连续运转,应预先将其触点短路。

(3)在抽取制冷剂过程中,应对蒸发器造成一定负荷(若是冷藏柜应将门打开,若是空气冷却器应开启风机)以利于制冷剂蒸发,加快制冷剂的抽取。

(4)若故障发生部位处于储液器的出液阀到压缩机的吸气侧,需要修理时,不需将制冷剂抽出,只需将这部分的制冷剂全部抽到冷凝器或储液器内即可。在操作时注意吸气压力,使压力控制在不低于 1atm(101325Pa),以免空气渗入。

(5)若系统中只有部分需要修理,可根据系统设备及管道的连接情况,将要修理部位的制冷剂转移到其他不需要修理的设备内。

(6)在抽取制冷剂的过程中,要注意各部位的温度和压力变化,如不正常应查明原因,待排除后再抽取。

二、制冷系统冷凝器维护与保养

(1)空冷式冷凝器的维护与保养。空冷式冷凝器是以空气作为冷却介质,空气中的灰尘会黏结在冷凝器外表面上,造成肋片和散热管不能与外界空气进行正常的热交换。因此,必须定期检查冷凝器的结尘情况,并及时清尘。

(2)蒸发式冷凝器的维护与保养。蒸发式冷凝器四周侧板所有接缝处不应有明显的漏风漏水现象，喷嘴孔要根据水垢情况定期进行清洗和除垢，检查器内是否有杂物，风机运转是否正常，应定期清洗冷却水池，更换冷却水。

(3)水冷式冷凝器的维护与保养。水冷式冷凝器所用的冷却水，有自来水，也有江河湖泊水。江河湖泊水含有较多的杂质，其中一部分就会沉积在冷却水管上，黏结成水垢，造成热交换差，因此要定期清除水垢。

三、制冷系统蒸发器维护与保养

(1)若蒸发器长期停止使用时，可将蒸发器中的制冷剂抽到储液器中保存，使蒸发器内压力保持 0.5bar（表压）左右即可。

(2)如蒸发器长期不用，箱内水位应高出蒸发器上集管 100mm；若为盐水，应将盐水放出箱外，将水箱内清洗干净，然后灌入自来水保存。

(3)满液式蒸发器载冷剂一侧应定期除垢。

(4)冷却排管应经常除霜，避免霜层过厚，导致管子弯曲。

(5)对积存的润滑油，氨系统可通过放油管排放，氟利昂则需吹洗再烘干。

四、制冷系统管道维护与保养

(1)表面锈蚀。管道长期受腐蚀性介质的腐蚀或日晒雨淋，管道的防锈漆脱落，因此，可根据具体情况进行涂漆，若锈蚀严重就更换。

(2)局部弯曲变形。管道因受外力挤压或振动影响，会发生弯曲变形。对于变形严重的管道应将弯曲部分截掉，放在校直机器上进行校直，或手工校直后再焊接上去；管道受外力破坏变形严重，则应更换。

(3)裂缝和小孔。一般都采用补焊的办法进行修复。

五、制冷系统节流阀维护与保养

(1)热力膨胀阀。常见故障有冰塞和脏堵、阀杆密封处泄漏，阀针与阀座磨损或感温包泄漏等，通过前述方法判明原因，对症下药。

(2)浮球阀。主要故障是腐蚀、虚焊、焊缝开裂等造成浮球阀泄漏、破裂，使浮球失灵；由于容器内液面经常波动，引起阀芯动作频繁，阀芯与阀座磨损，导致阀未能全开或泄漏；由于过滤器损坏，脏物进入浮球阀，卡死阀的转动部位，使浮球不能浮起和落下；浮球脱落而引起浮球直通等。所以应定期检查、清洗、焊补，损坏严重则应更换。

六、制冷系统阀门维护与保养

(1)阀门泄漏。阀杆密封处有轻微泄漏时，可将填料密封玉盖用力旋紧至不漏为止。

(2)阀门密封不严。由于系统内部存在污物，阀门打开后污物积在阀芯和密封面上，造成阀门关不严时，可将阀门拆下清洗即可恢复。大口径阀门由于长期使用造成阀芯表面巴氏合金磨损或硬物划伤时，如轻度磨损或划伤，可用砂纸或锉刀轻轻修理；如严重磨损需重新浇铸巴氏合金。

(3)阀门的密封试验。修理好的阀门必须进行密封性能试验，以保证安装后的使用质量。可将阀门关死，倒上煤油检查阀门的密封性能。因为煤油的渗透性强，若阀门密封不好有缝隙存在，煤油就会渗透过去，从阀门的另一端流出。一般试验时需要静置1h以上进行观察。

经过试验观察没有煤油流出后,才可将阀门装好恢复使用。

(4)安全阀的维护与保养。安全阀在出厂时已根据压缩机和压力容器的工作压力调整到额定起跳压力,并加了铅封不允许随意拆卸调整。当安全阀起跳后,每隔一年即机组大修时应拆卸清洗,重新校验一次,以确保安全阀在额定的压力下起跳。阀的校验最好在专门的计量单位进行,以确保校验的质量。

七、制冷系统水泵维护与保养

水泵启动时要求必须充满水,运行时又与水长期接触,由于水质量的影响,使得水泵的工作条件比较差,因此要经常对水泵进行检查与维护。

当水泵停用时间较长,或是在检修及解体清洗后准备投入使用时,必须要在开机前做好启动前的检查与准备工作。首先,水泵轴承的润滑油要充足,润滑情况良好。其次,检查水泵及电机的地脚螺栓与联轴器螺栓无脱落或松动。将水泵及进水管部分全部充满水,当从手动放气阀放出的水中没有夹杂气体时即可认定。如果能将出水管也充满水,则更有利于一次开机成功。关闭好出水管的阀门,以有利于水泵的启动。如装有电磁阀,则手动阀应是开启的,电磁阀为关闭的,同时要检查电磁阀开关的动作是否正确可靠。之后的启动检查工作是检查水泵是否真正"转"起来了。例如,泵轴(叶轮)的旋转方向就要通过点动电机来看泵轴的旋转方向是否正确,转动是否灵活。

八、制冷系统冷水塔维护与保养

冷却水塔组成构件多,工作环境差,因此检查内容也相应较多,而且除了一般维护保养外,还要做好保证冷却效能充分发挥的清洁工作。

当冷却塔停用时间较长,准备重新使用前(如在冬、春季不用,夏季又开始使用),或是在全面检修、清洗后重新投入使用,启动前应进行必要的检查与准备工作。

(1)检查所有连接螺栓的螺母是否有松动,特别是风机系统部分。

(2)冷却水塔均放置在室外暴露场所,而且出风口和进风口都很大,难免会有杂物在停机时从进、出风口进入冷却塔内,因此要予以清除。

(3)如果使用皮带减速装置,要检查皮带的松紧是否合适,几根皮带的松紧程度是否相同;如果使用齿轮减速装置,要检查齿箱内润滑油是否充满到规定的泊位;如果油不够,要补加到位。

(4)检查集水盘(槽)是否漏水,各手动水阀是否开关灵活并设置在要求的位置上,拨动风机叶片检查旋转是否灵活,是否与其他对象相碰,叶片与塔体内壁的间隙是否均匀一致。

(5)开启手动补水管的阀门,与自动补水管一起将冷却塔集水盘(槽)中的水尽量注满(达到最高水位),以备冷却水塔填料由于干燥状态到正常润湿工作状态要多耗水量之用。而自动浮球阀的动作水位则调整到低于集水盘(槽)上沿边25mm(或溢流管口20mm)处,或按集水盘(槽)的容积为冷却水总流量的1%~1.5%确定最低补水水位,在此水位时能自动控制补水。

(6)启动时,应点动风机,看其叶片是否俯视时是顺时针转动,而风是由下向上吹,如果方向不对,应调整。然后短时间启动水泵,看圆形塔的布水装置(又叫配水、洒水装置)是否俯视顺时针转动,转速是否在冷却水量所对应的范围之内,因为转速过快会降低转头的寿命,而转速过慢又会导致洒水不均匀,影响散热效果,如果不在相应的范围就要进行调整。布水管上出水孔与垂直面的角度是影响布水装置转速的主要原因之一,通常该角度为 5°～10°,通过调整该角度即可改变转速。此外,出水孔的水量(速度)大小也会影响转速。根据作用与反作用原理,出水量(速度)大,则反作用力就大,因而转速就高,反之转速就低。

（7）短时间启动水泵时还要注意检查集水盘(槽)内的水是否会出现抽干现象。因为冷却水塔在间断了一段时间再使用时,洒水装置流出的水首先要使填料润湿,使水层达到一定厚度后,才能汇流到塔底部的集水盘(槽)。在下面水陆续被抽走,上面水还未落下来的短时间内,集水盘(槽)中的水不能干,以保证水泵不发生空吸现象。注意:在冬季冷却塔停止使用期间,有可能发生冰冻现象时,要将冷却塔集水盘(槽)和室外部分的冷却水系统中的水全部放光,以免冻坏设备和管道。

参 考 文 献

[1] 唐中华.空调制冷系统运行管理与节能[M].北京:机械工业出版社,2008.
[2] 邓沪秋.建筑设备安装技术[M].重庆:重庆大学出版社,2010.
[3] 贺平,等.供热工程[M].北京:中国建筑工业出版社,2009.
[4] 胡平放,等.建筑通风空调新技术及其应用[M].北京:中国电力出版社,2010.
[5] 陆亚俊,等.暖通空调[M].北京:中国建筑工业出版社,2002.
[6] 彦启森,等.空气调节用制冷技术[M].北京:中国建筑工业出版社,2010.